彩图1　冰爽黄金海鲈丝

彩图2　养生鲈鱼卷

彩图3　金汤耀海鲈

彩图4　灌汤海鲈球

彩图5　什果沙律炭烧鲈

彩图6　功夫鲈鱼

彩图7　奇妙锦绣鲈

彩图8　浓汤竹笙烩鲈鱼

彩图9 白蕉黄金鲈

彩图10 粟米鲈鱼球

彩图11　拉网捕捞

彩图12　冷冻运输

彩图13　冷冻前处理

彩图14 鱼干制品

彩图15 药物残留检测

彩图16 原料切片
试味

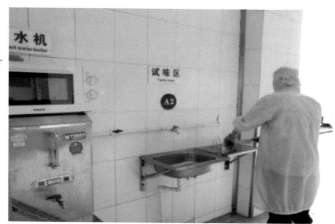

彩图17 闻气味尝
味道

彩图18　原料卸载过磅

彩图19　原料的初级
　　　　挑选

彩图20　切鱼鳃中间的
　　　　三角肉放血

彩图21　原料入车间

彩图22　打鳞机

彩图23　人工打鳞

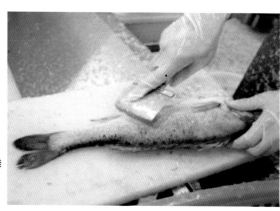

彩图24　原料清洗槽

彩图25　原料分筐

彩图26　单条取片

彩图27　去　皮

彩图28　单片修整　　　　　　　　　彩图29　摸　骨

彩图30　鱼片处理后的
　　　　挑选

彩图31　分规格

彩图32　鱼片清洗

彩图33　冰　存

彩图34　入臭氧槽

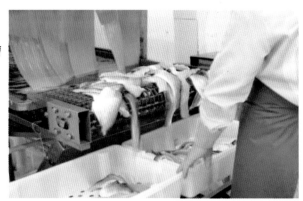

彩图35　出臭氧槽

彩图36　入真空袋

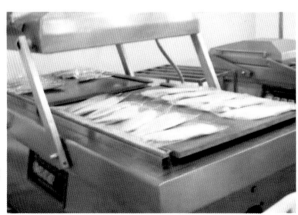

彩图37　抽真空

彩图38　排单冻

彩图39　入单冻

彩图40　出单冻

彩图41　温度检测

彩图42　金属探测

彩图43　称　重

彩图44　镀冰衣

彩图45　内包装

彩图46 外包装

| MANUFACTURER NO.: | 4404/02004 |
| CIQ DECLARATION NO.: | |
| PRODUCTION LOT NO.: | |
| COUNTRY DESTINATION: | UK |

彩图47 批 号

彩图48 冷库控温

彩图49 冷库贮存

彩图50 装 柜

# 海鲈养殖新技术

**HAILU YANGZHI XINJISHU**

苏跃朋 等著

中国农业出版社

**图书在版编目（CIP）数据**

海鲈养殖新技术/苏跃朋等著.—北京：中国农
业出版社，2014.3
ISBN 978-7-109-18936-2

Ⅰ.①海… Ⅱ.①苏… Ⅲ.①鲈形目－鱼类养殖
Ⅳ.①S965.211

中国版本图书馆 CIP 数据核字（2014）第 036340 号

中国农业出版社出版
（北京市朝阳区农展馆北路 2 号）
（邮政编码 100125）
责任编辑　肖　邦

中国农业出版社印刷厂印刷　　新华书店北京发行所发行
2014 年 4 月第 1 版　　2014 年 4 月北京第 1 次印刷

开本：850mm×1168mm 1/32　印张：6　插页：8
字数：115 千字
定价：16.00 元
（凡本版图书出现印刷、装订错误，请向出版社发行部调换）

# 编 写 人 员

苏跃朋　梁健文　张　璐
陈仕玺　崔阔鹏　王锦源
黄　啟　骆明飞

# 序

鲈，俗称海鲈、花鲈，广泛分布于太平洋西部沿岸的咸淡水水域。因其体形修长、肉质鲜美、营养丰富，我国自古以来就对其钟爱有加。海鲈的适温、适盐性非常广泛，种质资源十分丰富，沿海渔民很早就开展了捕捞天然鱼苗入池养殖的生产。据 2012 年国家统计数字表明，我国海鲈养殖的年产量已达 12.50 万吨，居于十大海水养殖鱼类之首。目前，在我国漫长的海岸线上，海鲈养殖当以福建闽东地区的网箱养殖和广东珠海的万亩鲈田最负盛名，福鼎的养殖海鲈已经进入韩国、日本、俄罗斯等国际市场，活鲈出口取得了良好声誉。不仅如此，企业家还将海鲈的产业链延伸至加工业，已有大量加工产品进入农贸市场和超市，有效提升了养殖产品的附加值。

我国目前实现产业化养殖规模的海水鱼类多达数十种，但广温、广盐性品种并不多。海鲈可以耐受 0 盐度而在淡水水体中生长，水温低于 5℃依然可以存活，所以除沿海进行网箱和池塘养殖外，亦可在广阔的内陆水域，如湖泊和内陆池塘推广养殖。

21世纪是人类开发海洋的新纪元，各国都把海洋利益设定为国家和民族的战略制高点。为了从广袤的"蓝色国土"中获得海洋食物、药物以及其他生物材料，同时也为了保障海洋资源的可持续利用，在传统捕捞资源日益枯竭的今天，我国水产业界应当十分明确自身的历史使命，加快提升现代化养殖业的科技水平，走节能减排、优质高效、绿色环保的工业化养殖道路，更高效、有序地开发、利用海洋资源。这无疑就是我们当前和长远最重要的战略任务之一。

随着我国海洋战略的不断深入发展，未来鲈养殖行业的发展必然要走现代化的产业发展之路。目前，虽然我国鲈养殖产业已经初具规模，但相对于鲆、鲽类等较为成熟的工业化养殖鱼类而言，无论从基础理论研究，还是在高端产业化的提升方面，都还存在着较大的差距和较宽广的发展空间。

由苏跃朋博士等撰写的《海鲈养殖新技术》一书，汇集了我国当前从事海鲈繁育、养殖、饲料、加工和物流等方面的技术专家，精心收集了国内科技界长期积累的丰富成果和实践经验，并将这些宝贵资料进行系统归纳和提炼，采用通俗易懂的文字和图片编撰成书，以供业界同仁和一线技术人员参考。

我衷心祝贺该书的出版。它的出版必将会进一步促进和带动我国海鲈产业的飞速发展，并将为我国河口地区渔业结构调整和实现渔业的可持续发展作出新的贡献。

中国工程院院士

2014 年 3 月

# 前言

　　海鲈，学名中国花鲈（*Lateolabrax maculatus*），原名花鲈（*Lateolabrax japonicus*）。由于其繁殖和生长在沿海，为有别于淡水生长的加州鲈等，故称海鲈。海鲈主要分布于我国、日本、朝鲜沿海，是我国河口鱼类的代表品种。近年来，我国海鲈养殖规模不断扩大，特别是"白蕉海鲈"国家地理标志保护产品资质的获得，进一步推动海鲈养殖业向完整产业链方向发展。目前，海鲈年产量约 20 万吨，已跃居我国海水养殖鱼类首位。

　　海鲈为珠江流域四大名鱼之首，适温适盐范围广，适合在我国沿海河口地区、内陆湖泊、池塘等多种水域养殖。随着海鲈养殖产业的不断发展壮大，一线生产者和相关从业人员迫切需要一本能指导海鲈养殖产业各阶段的专业书籍。为了满足海鲈产业的发展需求，进一步总结和推广我国海鲈产业的科研成果和生产经验，我们组织相关领域的权威专家、生产一线的技术骨干和龙头企业技术负责人等，共同编著了《海鲈养殖新技术》一书。该书是一本专业理论和生产实践紧密结合的指导性书籍，既有海鲈生物学和生理学等基础理论介绍，又有育苗、养殖、加工和饲料工艺等相关产业技术介绍。本书配有大量的图片和实际经验，通俗易懂，既适合海鲈养殖产业的业内人士参考，又适合普通读者了解海鲈养殖产业。

特别感谢通威集团有限公司水产技术总监张璐先生，抽出宝贵时间完成了海鲈营养需求、饲料加工标准和生产工艺等内容的编写工作。

限于作者的学识水平，书中的不妥和疏漏之处在所难免，敬请广大读者指正。

编　者

2014 年 3 月

# 目录

# 第一章 海鲈养殖基础

## 第一节 海鲈生物学特性

海鲈，学名中国花鲈（*Lateolabrax maculatus*），由于其繁殖和生长在沿海，为有别于淡水生长的加州鲈等，故称海鲈。海鲈主要分布于我国、日本、朝鲜沿海，是我国主要优质海水鱼类之一。近年来，我国海鲈养殖规模不断扩大，特别是"白蕉海鲈"国家地理标志产品的获得，进一步推动了海鲈养殖业向完整产业链方向发展。海鲈为珠江流域四大名鱼之首，适合在多种水域养殖，例如淡水、海水池塘，网箱，内陆盐碱水域等。

### 一、形态特征

海鲈的特征是：体长、侧扁，背腹面皆钝圆，头中等大，略尖；吻尖，口大，端位，斜裂，上颌伸达眼后缘下方；两颌、犁骨及口盖骨均具细小牙齿；前鳃盖骨的后缘有细锯齿，其后角下缘有 3 个大刺，后鳃盖骨后端具 1 个刺；鳞小，侧线完全、平直；背鳍 2 个，仅在基部相连，第 1 背鳍为 12 根硬刺，第 2 背鳍为 1 根硬刺和 11～13 根软鳍条；体背部灰色，两侧及腹部银灰色；体侧上部及背鳍有黑色斑点，斑点随年龄的增长而减少（图1-1和图1-2）。

图1-1　海鲈形态特征

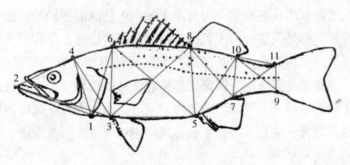

图1-2　海鲈框架

注：11个定位点之间的距离为24个框架数据。例如，D5-6表示定位点5
与6之间的距离。定位点：①下颌骨最后端，③腹鳍起点，⑤臀鳍起点，
⑦臀鳍末端，⑨尾鳍腹部起点，②吻前端，④额部有鳞部最前缘，⑥背鳍起
点，⑧背鳍鳍棘部末端，⑩背鳍末端和⑪尾鳍背部起点。

## 二、食性

　　海鲈是肉食性凶猛鱼类，好掠捕游泳动物为食。海鲈在
生长过程中会出现食性的转变。渤海海鲈成鱼的食物类群包
括单壳类、双壳类、头足类、甲壳类和鱼类5大类，共计

56 种饵料生物，位于第 4 营养级。其中鱼类不仅种类多（有鳀、凤鲚、黄鲫和黑鳃梅童鱼等共计 27 种），而且在胃含物中所占的重量百分比也大（约 62.46%）。但从种类来看，渤海最常见的口虾蛄为海鲈最重要的饵料种类。在长江口水域，海鲈的食物种类也很丰富，有鲚、蛇鲻、梭鱼、鳍鱼、鰕虎鱼、舌鳎、脊尾白虾、日本沼虾和小蟹等。同样，鱼的出现率和容积率均最大，其次为虾，而小蟹占的比例则很小。这些研究结果表明，海鲈的食物组成与其饵料生物的季节分布有关，在不同海域的优势种并不相同，说明海鲈对食物有一定的选择性但不很严格。由于摄食量大、长速较快，在自然水域中 1 龄鱼体长可长至 25 厘米、体重 250 克；2 龄鱼体长约 40 厘米、体重 850 克；3 龄鱼体长约 50 厘米、体重 1.5 千克；4~8 龄鱼每年体长增加 4~6 厘米、体重增加 400~800 克，最大的个体达 1 米、体重 20 千克。海鲈的人工养殖可投喂冰鲜小杂鱼和驯食人工颗粒饲料，长速比自然水域的海鲈快一倍，通常养殖 250 天达 500 克，养殖 400 天达 1.5 千克，达到上市的商品鱼规格。

海鲈终年摄食，即使在表层海水结冰或自身处于性成熟期，亦很少发现空胃。但其摄食强度存在明显的周年变化。对渤海海鲈的研究表明，春季（4~5 月）是高摄食强度期，其后至产卵期（10 月）均为低饱满度期，11~12 月的高摄食强度期是与产卵后摄食期相吻合的。栖息于长江口的海鲈在不同月份的胃饱满度等级也呈现明显差异。

我国学者在 20 世纪 90 年代对人工培育条件下海鲈仔、稚、幼鱼的摄食习性进行了初步研究。研究结果表明，在水温为 15.5～16.5℃时，海鲈仔鱼孵出 140 小时左右开口摄食，开口饵料为小型臂尾轮虫。全长 10 毫米左右的仔鱼可摄食卤虫幼体，全长 11 毫米左右的个体可摄食枝角类。在人工饲养条件下，由于饵料充足，海鲈仔、稚、幼鱼的摄食率达 99.1%，饱食个体高达 74.7%，表明其摄食能力强，摄食活动旺盛。此外，其摄食强度具明显的昼夜节律，以 16：00～20：00 胃饱满度最高。仔、稚鱼夜间基本不摄食，部分幼鱼个体少量摄食。海鲈仔、稚、幼鱼在缺饵情况下具很强的适应性和忍耐力，且这种能力随个体发育而不断增强。

## 三、生长

我国学者对分布于渤海、黄海、长江口以及珠江口海鲈的生长进行了细致的研究。研究结果表明，海鲈的体长和体重之间为幂函数关系。由于幂指数与 3 接近，海鲈基本上属于等速生长类型，可用 Van Bertalanffy 生长方程描述（表1-1）。

表 1-1　不同海域鲈的体长和体重的相关方程

| 海　域 | 取样年份 | 标本数 | 体长和体重的相关方程 | 体重增长拐点 | 文　献 |
|---|---|---|---|---|---|
| 渤海与黄海北部 | 1979—1984 | 870 | $W=0.019\,387L^{2.915\,3}$ | 4.3 | 冯昭信等（1985） |
| 黄海（石岛及石臼） | 未提供 | 141 | $W=0.022\,02L^{2.898\,66}$ | 未提供 | 张滋浃和赵玉国（1984） |
| 长江口（横沙岛和佘山） | 1986—1987 | 230 | $W=0.022\,02L^{2.898\,66}$ | 4.7 | 孙帼英等（1994b） |
| 珠江口（崖门） | 1983—1986 | 290 | 未提供 | 3.05 | 肖学铮和刘少明（1989） |

比较各海域海鲈的体重增长拐点可以看出，分布于珠江口的海鲈在 3.05 龄后，生长速度下降；而分布于冷水区域的海鲈体重拐点均在 4 龄以上。鱼类体重拐点往往与性成熟相关，因此可以推测，分布于暖水区域的海鲈较冷水区域的海鲈提前性成熟。

比较各海域海鲈的生长可以看出（表 1 - 2），珠江口崖门海鲈的生长比渤海、黄海以及长江口的海鲈要快。但有研究者认为，将黄、渤海群体引到南方海域养殖，其在生长等性状上反而均优于广东、福建和台湾等南方本地群体。海鲈生长迅速，个体大，一般重 1.5～2.5 千克，最大个体可达 15 千克以上；海鲈的肉味鲜美，古代诗人曾以"江上往来人，但爱鲈鱼美"的诗句称赞其体态和味道。在沿海一带，海鲈产量较高，为产区的重要食用鱼之一。海鲈肉每 100 克含蛋白质 17.5 克，脂肪 3.1 克，碳水化合物 0.4 克，热量 420 千焦，钙 56 毫克，磷 131 毫克，铁 1.2 毫克，维生素 $B_2$ 0.23 毫克，烟酸 1.7 毫克和微量维生素 $B_1$。

表 1 - 2　不同海域鲈各龄体重的比较

| 海　域 | 年　龄 | | | | |
|---|---|---|---|---|---|
| | 1 | 2 | 3 | 4 | 5 |
| 渤海与黄海北部 | 279.31 | 439.18 | 564.01 | 661.08 | 737.58 |
| 黄海 | 193.1 | 277.0 | 361.7 | 433.3 | 506.9 |
| 长江口 | 270.5 | 390.3 | 490.7 | 574.9 | 645.4 |
| 珠江口 | 330 | 499 | 615 | 705 | 899 |

## 四、繁殖

有学者对黄、渤海海鲈群体的研究表明，海鲈的雌、雄性比并非均等，雌鱼仅占 36.7%，即雄性个体数多于雌性。但在体长 650 毫米以上群体中，雌鱼的数量占优势，这是雌、雄个体生长发育速度不同的反映。雄鱼 2 龄成熟，最小叉长 477 毫米；雌鱼 3 龄成熟，最小叉长 525 毫米；4 龄全部成熟；5~6 龄的雌鱼怀卵量为 90 万~190 万粒。海鲈的绝对怀卵量变动在 31 万~221 万粒，平均为 128 万粒。据相关调查数据显示，栖息于长江口海鲈相对怀卵量为 185.27~847.71 粒，平均为 408.03 粒。此外，通过对海鲈性腺组织学的研究，明确了分布于长江口的海鲈并非一次产卵性鱼类，而属分批非同步型产卵鱼类。在环境适宜的情况下，约经过半个月的发育，即可进行第二次产卵。

关于中国海鲈的产卵场，有学者分析了 1979 年渤海湾海鲈卵的分布资料，认为渤海湾海鲈一般不在河口产卵，其产卵场分散，约有 2 万千米$^2$。根据 1979—1980 年期间对渤海湾海鲈鱼卵分布的调查资料，海鲈的产卵场主要集中在 10 米等深线及其以内的近河口的咸、淡水交混水域。海鲈产卵首先由湾东开始，然后进入湾内浅水区繁殖。栖息在长江口的中国海鲈，随着性腺的发育，要洄游到长江口高盐度水域产卵，如浙江宁海、奉化沿海。繁殖过后的亲鱼，在产卵场短暂停留后，又回到长江口育肥。

我国学者对分布于不同海域海鲈的产卵期已进行了不少研究。从报道的结果来看，各海域海鲈的产卵期有一定差异，既有秋季产卵的，也有春季产卵的。黄、渤海区域的海鲈最早进入产卵期（8月下旬），随后长江口海鲈进入产卵期（11月中旬），而南部海区的海鲈最迟进入产卵期（12月底）。此外，在渤海湾内各区域，海鲈产卵期的早晚，随水温的变化而提前或推迟。不同海域海鲈在产卵期上的差异，说明了海鲈属于降温产卵型。

### 五、生活环境

海鲈为广盐、广温性鱼类，通常生活在河口地区，也有直接进入淡水湖泊的。因此，可进行淡水池塘饲养；若经盐度逐步淡化，成活率会更高。水深20米以上、盐度高达34的海域也可捕到海鲈。冬季表层水温－1℃的条件下海鲈可以存活，夏季在38℃的河口浅滩区亦有发现。

## 第二节　海鲈种质资源

### 一、分类

海鲈（*Lateolabrax maculatus*）又称鲈鱼、七星鲈和寨花等。属于鲈形目（Perciforms）、鮨科（Seranidae）、常鲈亚科（Oligorinae）、海鲈属（*Lateolabrax*）。该物种最早由McClelland于1844年命名，模式产地为浙江宁波及舟山。但Bleeker于1854—1857年间建立海鲈属，认为仅有单一物种，即日本真鲈（亦称日本鲈鱼）（*Lateolabrax japonicas*），并将*Lateolabrax maculatus*认为是日本真鲈的同种异名。Katayama于1957年叙述了海鲈属的另一物种日本宽海鲈（又称高体海鲈，*Lateolabrax latus*）。

从 20 世纪 90 年代开始，国内外学者对中国海鲈和日本鲈鱼在形态学、遗传学和生态学方面的差异进行科学研究。研究结果普遍认为，中国海鲈与日本海鲈为两个不同物种。中国海鲈与日本鲈鱼相比，外形的主要特征是体背侧具许多大黑斑，黑斑直径大于鳞片，并分布至侧线下方；而日本鲈鱼成鱼体背侧基本无小黑斑。此外，在生活习性上，中、日海鲈对淡水的适应能力有明显不同，中国海鲈对淡水以及盐度较低的环境有较强适应能力。在离珠江口 300 千米的淡水中发现中国海鲈。已有的研究文献中，多将中国海鲈鉴定为日本鲈鱼（*Lateolabrax japonicus*），这是一种误鉴。伍汉霖等学者已将产于我国的海鲈学名纠正为 *Lateolabrax maculatus*。本书中提到的海鲈，若无特别指出，均为中国花鲈。

## 二、种质资源

长期以来，由于人工育苗成本相对较高，且北方海鲈苗种在生长速度与病害抗性方面较其他苗种有优势，海鲈养殖业一直大量依靠中国北方沿海野生苗种。除了成鱼捕捞外，每年春季，中国北方沿海野生海鲈苗种被捕捞贩卖至中国沿海各地，朝鲜、韩国和日本的养殖场进行养殖。20 世纪 90 年代中后期，海鲈成鱼渔获量骤减，印证了一直以来的不合理开发对海鲈资源造成的影响。2000 年以后，经过众多学者的调查研究，发现中国海鲈自然群体杂合子缺失现象严重，提示中国野生海鲈资源的遗传多样性现状不容乐观。

中国近海海鲈为 1 个种，大体分为北方和南方两个种群。有学者认为广西北海海鲈与南海海鲈有差异，故分北方、南方以及北海海鲈 3 个种群。还有学者认为中国沿岸的海鲈应该有 4 个种群，即北方的黄、渤海种群区和东海种群，以及南方的南海种群和北海种群。

中国近海不同海域的海鲈群体，耳石形态具有显著的地理变异。在营养成分上，蛋白质、氨基酸含量具有由北向南逐渐升高的趋势，总脂质含量反之；不饱和脂肪酸相对含量也有由北向南逐渐升高的趋势，南方多不饱和脂肪酸含量高于单不饱和脂肪酸含量，北方则反之。

根据调查显示，山东沿海均有海鲈繁殖，尤以莱州湾为产卵集中地，是一个分布中心。广东省汕头市南澳岛周围也是海鲈的天然产卵场。

自 20 世纪 90 年代以来，大量的北方海鲈鱼苗被贩卖到南方养殖，并人为地与南方种群进行杂交。同时期，野生海鲈资源由于过度捕捞，资源量不断衰减。而北方海鲈或杂交海鲈养殖群体的逃逸，进一步减弱了南方海鲈野生种群遗传多样性的水平。因此，笔者认为今后很有必要选择性地进行南方海鲈资源的保护、良种场建设和增殖放流。

# 第三节　营养价值与食疗作用

## 一、营养价值

海鲈肉质肥厚坚实、无肌间刺，嫩白爽滑、味清香，营养价值高。据分析，每 100 克鲈肉中含蛋白质 17.5 克、碳水化合物 0.4 克、灰分 1 克、钙 56 毫克、磷 131 毫克、铁 1.2 毫克、烟酸 1.7 毫克，以及 B 族维生素等成分，是一种美味、营养的海鲜佳品，其美味历来为人们所称颂。

## （一）海鲈中 DHA 含量高

**1. DHA 的作用**  DHA 中文名称是二十二碳六烯酸，俗称脑黄金，是一种对人体非常重要的多不饱和脂肪酸，属于 Omega-3 不饱和脂肪酸家族中的重要成员。DHA 是神经系统细胞生长及维持的主要物质，是大脑和视网膜的重要构成成分，在人体大脑皮层中含量高达 20%，在视网膜中所占比例最大，约占 50%，对胎婴儿智力和视力发育至关重要（图 1-3）。

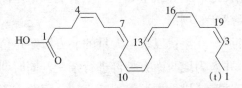

图 1-3  DHA 结构

**2. DHA 的含量**  早期研究表明，DHA 在自然界通常是以甘油三酯形态存在的。海洋鱼类、某些海藻或低等真菌是 DHA 的重要来源。以鱼油 DHA 为例，鱼体内含有的 DHA 是以甘油三酯形态存在，但含量较低，通常在 5%～14%。虽然人们普遍认为吃海水鱼补充 DHA 最佳，但其油脂含量也较高，个别儿童消化功能发育不全，容易引起腹泻等消化不良症状。淡水鱼油脂含量较少，精致蛋白含量却较高，易于消化吸收。

国内学者对海鲈、鲑、带鱼、黄花鱼、鲅、鲳、鳜、中华鲆、鲢、鳙、罗非鱼、团头鲂、鲤和草鱼 14 种市售商品鱼肌肉和内脏脂肪中 EPA（二十碳五烯酸）、DHA 的含量进行分析比较，结果显示，除鲤和草鱼外，无论是海水鱼还是淡水鱼，其脂肪中均含有一定数量的 EPA、DHA。特别是海鲈，其肌肉与内脏脂肪中的 DHA 含量居所有被测样品之首，占其脂肪酸组成的 18.6%～20.1%，比被检测的鲢 DHA 含量高出近 5 个百分点。可以说，海鲈是众多渔业品种中的 DHA 之王。

## 二、食疗作用

除了味道鲜美之外，传统中医和现代营养学分析都表明，海鲈有着独特的药用食疗价值。

**1. 传统中医中的记载**　《本草纲目》中记载，"鲈鱼性甘温，有益筋骨、肠胃之功能。鳃性甘平，有止咳化痰之功效。"《食疗本草》则载，"鲈鱼能安胎、补中，作脍尤佳。"

**2. 现代营养学的分析**　从现代营养学的角度看，海鲈富含易消化的蛋白质、脂肪、B 族维生素、糖类、无机盐、烟酸、尼克酸、钙、磷、钾、锌、铜、铁、硒等营养成分，具有健脾胃、补肝肾、化痰止咳的功效，对肝、肾不足的人有很好的补益作用，还能治疗脾胃虚弱、消化不良、水肿等症状。

**3. 海鲈的食疗作用**

①海鲈可治胎动不安、产后少乳等症，是健身补血、健脾益气的佳品。准妈妈和产妇吃鲈既补身又不会因营养过剩而导致肥胖。海鲈血中还有较多的铜元素，铜能维持神经系统的正常功能，铜元素缺乏的人可多吃海鲈来补充。

②吃海鲈有助于伤口的愈合。一般来说，吃黑鱼有利于伤口的恢复，其实海鲈才最适合手术患者。据《日本新华侨报》报道，日本研究者发现，吃海鲈能够帮助手术患者加速伤口愈合 2~5 天，其效果远远高于其他鱼类。研究者建议，把海鲈蒸着吃是最健康的方式。如果受伤要动手术，在开刀前后就应该吃海鲈，这样对伤口的愈合非常有帮助。中药里有个手术后促伤口生肌愈合的药方：用海鲈一条（重 250~500 克），加黄芪适量，切片后放碗中隔水炖熟，连汤及鱼同食，3~5 次可见效。

营养不良和局部感染是手术伤口愈合不良非常重要的原因之一。创伤愈合的一个重要过程，是酸性成纤维细胞利用氨基酸原料，合成胶原蛋白，如果氨基酸原料供给不足，必将造成愈合延迟。而吃海鲈能在一定程度上提供充足的氨基酸原料。海鲈的鱼油中含有丰富的脂肪酸，具有抗炎作用，对伤口愈合有一定益处。

有研究表明，铜、铁和镁、钙等均可以对内皮细胞产生调节作用，从而参与到炎症的微循环反应中去。此外，海鲈鱼油中富含的维生素 A 能够促进伤口愈合。

# 第四节　海鲈美食文化

海鲈作为一种传统的食材，很早就有关于海鲈美食的文字记载。

《世说新语·说鉴》中记载，西晋时，有个人叫张翰，在洛阳为官。一年秋天，西风乍起，寒潮将临，他想起家乡鲈鱼和莼菜正是肥美之时，思乡之心油然而生，于是便托辞弃官还乡。这鲈鱼美味的诱惑力，竟能让一个人官都不做了。令张翰弃官而返乡的这道佳肴，就是"莼羹鲈脍"。

《大业拾遗记》里载有鲈鱼脍的做法：鲈鱼白如雪，取三尺以下者作之，以香菜花叶相间，和以细缕金橙食之，所谓金齑玉脍，东南之佳味也。这种鲈鱼脍有点类似于生鱼片的吃法，让人遐想无限。

"江上往来人，但爱鲈鱼美。君看一叶舟，出没风波里。"范仲淹这首诗尤为引发人们对鲈鱼的向往。

苏东坡曾作《二月十九日携白酒鲈鱼过詹使君食槐叶冷淘》："青浮卵碗槐芽饼，红点冰盘藿叶鱼。醉饱高眠真事业，此生有味在三余。"

珠三角一带有着吃海鲈的风俗习惯，在珠海斗门非物质文化遗产"水上婚嫁"的礼节之中，鲈鱼在喜宴上扮演着非常重要的角色。鲈鱼肉质白嫩、清香，没有腥味，肉为蒜瓣形，最宜清蒸、红烧或炖汤。广东人认为，清蒸的海鲈才能保持其原汁原味的新鲜，其肉质才能保持白嫩细腻。产业化后的海鲈加工产品日趋多样化，烹调菜式层出不穷，极大地丰富了老百姓的餐桌，成为了广大群众最爱吃、最深入民心的菜品（彩图 1 至彩图 10）。

## 第五节　国家地理标志保护产品
## ——白蕉海鲈

珠海市斗门区位于珠江三角洲南端的磨刀门到崖门之间

（东经 113°05′～113°25′，北纬 21°59′～22°25′），总面积
674.8 千米²，属于南亚热带季风湿润气候区，终年热量丰
富。斗门区从 20 世纪 80 年代开始人工养殖海鲈，在以后的
20 多年间，斗门区以白蕉镇为主要的海鲈养殖区，逐渐发
展成为全国最大的海鲈生产基地（图 1-4）。广温性的海鲈
不但可以在本地区自然越冬，而且水温长期处在其最适宜的
范围，所以海鲈比其他产区的生产期更长，且更有利于成
长。"勤换西江水，投喂鲜鱼仔"是斗门海鲈养殖技术的核
心，类似于天然环境，又有人工驯养的优势，肉质更加鲜
美，口感更佳。

图 1-4　斗门区白蕉镇新环村养殖海鲈的 2 000 亩* 连片池塘

　　2009 年，中国水产科学研究院南海水产研究所、华南
农业大学、珠海市出入境检验检疫局等单位经评审，一致通
过广东省地方标准《地理标志产品 白蕉海鲈》。该标准规

---

　　* 1 亩=667 米²。

定：只有在东经 113°05′～113°25′、北纬 21°59′～22°25′出产
的海鲈，才能被叫做"白蕉海鲈"。2011 年，斗门区白蕉镇
又通过了中国水产流通与加工协会专家组的评审，获评为
"中国海鲈之乡"（图 1-5）。海鲈成为斗门的一个地标性产
品，年产量近 9 万吨，产品销往全国各地，出口到日本、韩
国和欧美国家，闻名国内外市场，故此又称为斗门海鲈。

图 1-5　中国海鲈之乡评审会

　　白蕉海鲈作为国家地理标志保护产品，有着严格的质量
技术要求。首先，感官特征为背部呈青色，腹部纯白色，体
色光亮，鱼体背厚、肚肥、口大、吻尖、肉厚。其次，口感
特色为肉质鲜嫩、透明，入口嫩滑清甜，清香无腥味。冰鲜
品要保持活鱼色泽，尾重≥500 克。另外，活鱼的理化指
标，含肉率不低于 62%，蛋白质含量不低于 18%，脂肪含
量不低于 1.8%，氨基酸总和不低于 175 毫克/克。最后，
白蕉海鲈有着严格的安全要求，不仅要求产品安全指标必须
达到国家对同类产品的相关规定，而且某些指标比国家标准

还严格。例如，按照 2013 年最新食品中污染物限量标准
《食品安全国家标准 食品中污染物限量》（GB 2762—2012）
鱼类中重金属含量的标准中，铅的含量是不高于 1.0 毫克/
千克，而白蕉海鲈质量标准要求铅不能高于 0.5 毫克/千克
（DB44/T 771—2010），比国家标准更严格，所以白蕉海鲈
的美味是有质量安全保障的。

# 第二章 珠三角河口区海鲈育苗方法

## 第一节 海鲈种苗来源

现代渔业的发展在很大程度上得益于良种繁育技术的发展。20世纪80年代，大部分渔业品种的苗种供应依赖天然采集，而某一养殖品种自然资源匮乏后，大规模养殖就必然要求人工良种繁育体系形成。世界范围内，随着水产养殖业的发展，已经在虾、蟹、鱼、龟等水产养殖品种中成功实现了良种培育和养殖。例如，罗非鱼和凡纳滨对虾等的良种家系建设，极大地降低了大宗渔业品种的养殖成本和发病率。目前，人工养殖海鲈的种苗有以下的几种来源。

### 一、在南海海区捕捞的天然幼苗

中国南海海岸线长，河口众多，有丰富的海鲈苗种资源，每年12月至翌年2月可捕捞到2~4厘米的幼苗供人工养殖。但是南海区生长的海鲈由于所处的纬度低、气候炎热，性成熟早、生长时间短导致个体小，并且天然种苗野性大，人工养殖相对困难。然而，在广东沿海养殖南海区捕捞的海鲈幼苗容易适应生长，故此在一些天然鱼苗丰富、捕捞容易和淡化方便的地方，也不失为一个有利的种苗来源。

## 二、在黄、渤海海区捕捞的天然幼苗

黄、渤海海区也有丰富的海鲈苗种资源，捕捞这里的天然幼苗用于人工养殖也同样有南海区鱼苗野性大、淡化困难、成活率低等问题，但是其生长在高纬度海区，水温较低，性成熟期长，长成的个体较大，引入广东沿海养殖后，由于气候变暖，长速明显加快，人工养殖可获得较高的产量。

## 三、放养人工繁育的幼苗

放养人工繁育种苗是水产养殖高产稳产的基础，原因是人工繁育的鱼苗经过了一定的驯化过程，并且种苗规格一致、产量和来源稳定、生产成本较低、养殖效益较好。放养人工繁育的海鲈苗还方便了人工淡化的过程，有效地提高了成活率。但是亲鱼的选择应以黄、渤海的亲鱼为佳，在广东省可以利用南北两地海区的亲鱼杂交，充分发挥南海区海鲈适应当地生长和黄、渤海海区海鲈长速快、个体大的优势。目前，海鲈的人工养殖已大多选择人工繁育的种苗，生产实践表明，人工繁育的海鲈鱼苗比捕捞的天然鱼苗来源可靠，规格整齐，成活率高，生长速度快，容易养成。

# 第二节　海鲈人工育苗技术

珠三角河口区是海鲈等广盐性鱼类的优质养殖区，随着近几年养殖规模的不断扩大，珠三角地区养殖行业对优质水产种苗的需求也越来越大。海鲈作为珠三角河口区主要养殖品种之一，种苗主要依靠人工繁育。

## 一、亲鱼的选择和驯养

### （一）亲鱼的选择

亲鱼可以从自然海区捕获或者从养殖群体中筛选。海鲈在我国各海区均有分布，从渤海湾到南海，亲鱼捕获季节也是从 9 月至翌年 1 月按从北到南的规律依次延后。海鲈属降温产卵类型，成熟产卵的时间随水温下降的不同而有所差别，一般规律是从渤海湾的 10 月依次向南方延后，直至南海区的翌年 2 月。养殖海鲈一般 2 龄以上即可性成熟，但繁殖能力不佳（初次成熟个体繁殖力不高），一般选择 4 龄以上养殖海鲈作为备选亲鱼。

无论是自然海区捕获还是从养殖群体中筛选，都要选体质健壮（体重至少 3 千克以上）、色泽鲜亮、无病虫害、无损伤，具有典型的生物学形态特征的海鲈作为备用亲鱼。

### （二）亲鱼的驯养

**1. 盐度的驯化**　在珠三角地区驯养海鲈亲鱼，需要考虑到养殖水环境盐度的问题。因为大部分近海地区海水盐度较低，所以大部分时间海鲈亲鱼都是在低盐度甚至是淡水环境中驯养。海捕亲鱼或者来自高盐度地区的亲鱼，在购回后需要进行低盐度驯化，以适应当地水源条件。一般每天降低 1～2 度盐度的驯化强度不会对亲鱼造成不良影响。

在繁殖季节，对于在低盐度条件下养殖的亲鱼，由于需要亲鱼排卵水环境盐度和孵化盐度保持一致，所以要进行升高盐度的驯化。同样以每天1～2度盐度的强度进行，最终盐度控制在25左右。对于繁殖季节从海中捕捞的成熟个体，应直接放养在盐度为25的水体中。

**2. 亲鱼的饲养** 亲鱼平时以配合饲料和鲜杂鱼投喂以保证营养全面。日投喂量按鱼体重的3%～5%，日换水量大于50%。

## 二、亲鱼的繁殖

### （一）亲鱼性腺发育程度判断方法

用挖卵器取卵检查或者轻压雌鱼腹部卵能顺利流出，卵径达到0.7毫米以上，卵圆润有弹性，卵黄饱满，呈浅橘黄色，表明雌鱼性腺发育成熟；雄鱼轻压后腹部有奶状精液流出，精液遇水则散，表明雄鱼性腺发育成熟。

### （二）产卵池的准备

海鲈为秋季产卵类型，在繁殖前适宜逐日缩短光照，降低水温，所以产卵池要能控温控光，使水温保持在15～18℃，盐度25左右，pH7.6～8.2，日光照8小时，产卵池大小要考虑到受精卵收集以及育苗生产计划等方面的因素，不宜过小或者过大，以几十米³水体大小为宜。

### （三）自然产卵

根据育苗生产计划，在亲鱼繁殖前进行营养强化培育，定期检查亲鱼性腺发育程度，当亲鱼性腺发育成熟后，挑选性腺发育好的亲鱼按照雌、雄比1∶1～2的比例进行配对放入产卵池。产卵池内亲鱼密度为每立方米水体3～4千克。

**（四）人工催产**

**1. 催产药物** 主要使用的催产剂有鱼类脑垂体（PG）、促黄体素释放激素类似物（LRH‐A）、促黄体素释放素类似物2号（LHRH‐A$_2$）、人绒毛膜促性腺激素（HCG）和地欧酮（DOM），一般混合使用。

**2. 注射剂量** 催产药物的使用剂量按亲鱼体重计算，每千克鱼体重注射参考剂量：100微克LHRH‐A$_2$＋1 000国际单位HCG；或者1.7～2.5毫克PG＋70～140微克LRH‐A＋1 600～2 200国际单位HCG；或者200～380微克LRH‐A＋6～10毫克DOM。实际操作时需要根据每条鱼的性腺发育程度适当增减催产药物的使用剂量。催产药物可用生理盐水、葡萄糖溶液或者香油溶解。腹腔注射用生理盐水或葡萄糖溶液，肌内注射用香油可防止酶类分解延长激素作用时间。

**3. 注射方法** 雌鱼注射催产药物一般分两次注射，第一次注射总量的1/3，间隔24～36小时后注射总量的2/3，多采取腹腔注射或者肌内注射。雄鱼一般不用注射催产药物，当精液量不足时，可在雌鱼注射第二针时按雌鱼注射量一半进行一次注射。

**4. 人工授精** 一般人工环境中鲈产卵的自然受精率较低，所以生产上多采用人工授精。催产后要定时观察亲鱼反应，当雌鱼从绕池游动转为在角落处静止时，表明雌鱼体内卵子即将成熟。将状态好的亲鱼取出检查后，如卵子状态适宜，即开始人工授精。可以采用湿法受精、半干法受精以及干法受精。无论采取哪种受精方法，都要在卵充分受精后进行洗卵，以去除污物和多余精子。可先用纱窗网去除大的污物，再用 40 目网袋滤出受精卵，用干净的海水清理 2～3 次。

## 三、孵化

### （一）孵化设施和环境条件要求

**1. 鱼卵孵化设备的基本条件**　良好的充气效果，保证水体的溶氧充足；科学的进排水系统，确保孵化的初孵仔鱼的顺利收集；合理的孵化设施布置，便于随时多点取样观察；适当的封闭条件，控制孵化期间水环境条件的稳定，最好有控温系统。

另外，珠三角地区近海多为低盐度水环境，一般苗场须购买高盐度外海水进行受精卵孵化。海水购入后，须进行常规水质检测以及沉淀消毒处理。

**2. 鱼卵孵化的环境条件要求**

**（1）盐度**　海鲈为广盐性鱼类，但其受精卵孵化最适盐度为 22～25，盐度低于 16 或者高于 31 都会导致受精卵孵化不正常或者仔鱼畸形率高。

**（2）水温**　海鲈受精卵孵化最适水温为 15～18℃，13～22℃的孵化水温也可获得较高的孵化率，水温低于13℃或者高于 22℃将影响孵化率以及仔鱼成活率。在适温范围内，受精卵的孵化速度和水温是成正相关的。孵化期间切忌水温的剧烈波动，否则会影响孵化率。珠三角冬季的室内自然最低水温一般在 13℃以上，所以育苗期间不采取加温、保温措施也能基本满足育苗要求。但如果能采取保温措施，将育苗水温稳定在 15～18℃，则孵化效果最佳。保温可以采取传统的锅炉加温或者使用塑料薄膜加暖光灯形成人工温棚（水温可提高 3～5℃）（图 2-1）。

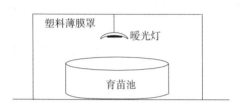

图 2-1　人工温棚

（3）**溶解氧**　水体中的溶解氧在 5 毫克/升以上就可满足受精卵的正常孵化，一般孵化设施只要做到合理的气石布置就能达到这一要求。另外，孵化设施鼓气最好采用气石作为气头，其搅动水体使受精卵均匀分布的作用明显优于其他增氧方式。孵化期间的鼓气量可以开得较大，水面呈沸腾状可以确保受精卵的均匀分布，直到仔鱼孵出后，再将鼓气量调小到微水纹的状态。

（4）**pH**　孵化水体的最适 pH 为 7.6～8.2，pH 长时间低于 7 或者高于 8.5，都将影响受精卵发育和仔鱼的成活率。一般正常海水的 pH 是稳定在 8.0～8.2 的。

（5）**光照**　虽然光照和海鲈受精卵孵化率间没有相关报道，但一般浮性鱼卵的孵化都需要一定的光照条件。另外，考虑到孵化设施和育苗设施一般是在一起的，而海鲈初孵仔鱼的开口过料需要一定的光照条件（光强 1 000～2 000勒克斯，避免阳光直射），所以在孵化准备工作进行时，要考虑到场地内的光照条件是否能满足以后的育苗需求。

（6）**孵化密度** 孵化密度与孵化设施条件以及育苗操作计划密切相关，孵化密度最高的应属流水式充气孵化的方法，但这种方式用水量较大，不适合珠三角河口区。采取孵化桶、孵化池以及育苗池直接孵化的方法，都能做到充分利用海水进行孵化。每种孵化方法还要考虑后续的分苗操作，来确定具体的孵化密度。一般孵化桶孵化密度不高于每立方米水体 50 万粒受精卵，集中孵化池孵化密度不高于每立方米水体 10 万粒受精卵，育苗池孵化密度不高于每立方米水体 3 万粒受精卵。

## （二）孵化一般操作流程

**1. 准备好孵化设备** 根据亲鱼的生产计划，提前准备好孵化设施以及孵化用的海水。孵化水体经过消毒处理后，要确保毒性消失再进行孵化操作。检测孵化水体的指标，在亲鱼排卵前做好准备工作。

**2. 筛选发育正常的受精卵** 由于海鲈正常发育的受精卵为浮性卵，死卵和未正常发育的受精卵多为沉性卵，可以利用这一特性在布卵前进行简单、快速的筛选工作。在大水盆或者桶中装 30 厘米以上的孵化用水，放入收集好的受精卵，轻微搅动水体，静止 5 分钟后，用软管虹吸出水底中央的沉卵，用 100 目捞网迅速捞取水体表层的浮性受精卵，10 分钟内要将绝大部分浮性受精卵捞出、称重并布卵到孵化设备中，否则筛选时间过长将导致受精卵缺氧。如果对布卵密度要求不是很精确，可以在筛选前进行称重，吸出死卵后，忽略死卵的重量，直接将筛选后的受精卵按之前的称重作为布卵重量，倒入孵化设施中。

**3. 布卵**　根据不同的孵化方法和设施条件，确定适宜的布卵密度。具体计算方法以 1 千克海鲈受精卵大约含 70 万粒受精卵为参考。

**4. 布卵密度计数**　若布卵之前没有进行称重等计数，则可按照以下方法计数布卵密度：在受精卵未孵化前利用打杯计数的方式，根据烧杯内受精卵数量估算孵化水体内的受精卵数量，计数时要多点取样计算平均值。每批受精卵布卵后，都要准确及时地进行布卵密度计数。

**5. 孵化率计算**　在受精卵孵化后，初孵仔鱼游动能力弱时，再次利用打杯计数方式计算初孵仔鱼数量，以此作为孵化率的判断数据。正常受精卵的孵化率应该在 90% 以上。

**6. 受精卵质量判断**　利用显微镜观察海鲈受精卵的发育：正常受精卵在显微镜下观察应该是晶莹剔透、内部组织发育清晰，浮性好，快破膜的受精卵会不时自主颤动。另外，优质的海鲈受精卵卵径应至少大于 1.1 毫米，而小于 1 毫米的受精卵可能是亲鱼末期排出的受精卵，质量较差。在布卵后要及时抽样测量受精卵的平均卵径作为质量参考。

**（三）孵化方法和设施要求**

鱼卵孵化方法主要分为孵化桶、孵化网箱、孵化袋孵化，孵化池集中孵化以及育苗池直接孵化。

**1. 孵化桶孵化**

**（1）放卵量**　珠三角河口区海鲈育苗中采用的孵化桶孵化鱼卵，相对于常规孵化桶操作有所改变。常规孵化桶孵化鱼卵一般为流水式，但在珠三角河口区采用孵化桶孵化鱼卵一般为一桶水一次性孵化一批受精卵，不采取流水式，以节约海水用量降低成本。根据孵化桶容积大小来确定放卵数量，一般每立方米水体可以放卵 1 千克（1 千克海鲈受精卵大约含 70 万粒受精卵）。

（2）**孵化期间管理**　采取孵化桶孵化可以减少孵化设备占地空间，充分利用孵化水体，灵活调整孵化密度。但相对于其他孵化方法需要的设施条件较复杂，管理要求也较高。

孵化桶放置位置须靠近育苗池，尽量缩短排水路径，同时确保排水口位置高于育苗池水面。由于放卵密度大，孵化期间要确保充气稳定，充气量以受精卵能充分、均匀分布于水中，不在任何局部形成死角为准。当大部分鱼卵孵化后第二天即用排水引流的方式将孵化水体连同初孵仔鱼一起排入育苗池，排水前需要准备好冲桶用的海水，保证水流量充分，防止部分初孵仔鱼粘附在桶壁和管道内。育苗池和孵化桶的水环境条件要保持一致。

**2. 孵化网箱孵化**

（1）**放卵量**　孵化网箱一般用 80 目网片做成规格 50 厘米×50 厘米×30 厘米的网箱放置在育苗车间水泥池内，每个网箱内可布卵 0.5 千克。

（2）**孵化期间管理**　孵化网箱内固定好一个气石，鼓气量要大，保证充足的溶氧。仔鱼孵出后，先停气 2～3 分钟，优质的初孵仔鱼会上浮到水面，用打水的方式将初孵仔鱼分到育苗池中。使用孵化网箱便于初孵仔鱼的收集和分池。

**3. 孵化袋孵化**

（1）放卵量  孵化袋一般用防水布或者彩条布做成0.5米³ 或者1米³ 的大小，孵化鱼卵放卵数量一般控制在每立方米水体30万粒受精卵以下。

（2）孵化期间管理  孵化袋是孵化网箱的演变装置，主要用于没有室内育苗设施的土池直接育苗。在池塘内放置孵化袋，孵化袋中装入购买的外海水，池塘内为地下高盐度井水。地下井水须提前经过曝气、沉降以及有益菌和有益藻的培养，水质稳定后才可作为育苗水。仔鱼孵出后，每天添加池水到孵化袋中，在仔鱼开口过料前将其从孵化袋中放入育苗池塘。该方法一定程度上受天气影响，并且孵化袋内水质难以长时间保持稳定，所以孵化工作进程要紧凑。

**4. 孵化池集中孵化**

（1）放卵量  集中孵化池的布卵密度应控制在每立方米水体10万粒受精卵以下。

（2）孵化期间管理  根据自身育苗车间育苗池数量、布局以及生产安排，可以采取孵化池集中孵化，仔鱼开口过料前分苗到育苗池的操作方法，但该方法在分苗的操作过程中难度较大。集中孵化池采用气石底充气方式，气石相互间隔50厘米，鼓气效果要能保证受精卵均匀分布在水中，没有静止死角。分苗操作前停止鼓气3～5分钟，然后采用捞网或者直接打表层水的方式将大部分初孵仔鱼分到其他育苗池中。

**5. 育苗池直接孵化**

（1）放卵量  育苗池直接孵化，布卵密度一般按照1

千克海鲈受精卵大约含 70 万粒受精卵标准计算，控制育苗池内鱼苗密度不超过每立方米水体 1 万尾（当鱼苗体长 0.9～1 厘米时，成活率按照布卵量的 70%～80% 计算）。具体布卵密度要考虑到育苗池的换水能力、排污效果、水体大小以及鱼苗的计划出池时机等要素。

**（2）孵化期间管理** 用育苗池孵化受精卵时，布卵时水位控制在 50 厘米左右，在初孵仔鱼开口过料后，逐步提高水位至 1 米。孵化期间的气石鼓气量要大，保证受精卵的充分浮动，在初孵仔鱼开口过料前将鼓气量调小。

## 四、种苗培育

### （一）种苗培育的基础条件

种苗培育池最好分为室内培育池和室外土池两部分，这样做可以解决室内育苗后期的换水压力问题以及预防室内育苗池后期多发的鱼苗肠炎性疾病。室内培育池水体 10～20 米³ 为宜，鼓气条件良好，室内控温控光，水源充足，进、排水流畅，培育水深 1～1.3 米，水质良好稳定，pH 为 7.6～8.2；室外土池面积 500～2 000 米² 为宜，池塘要规则平整，以利于后期鱼苗出池，保水性好，水深可稳定在 2 米以上，池塘面积小采用底增氧，面积大采用水车式增氧机，换水条件良好。

### （二）种苗培育的基本流程

由于水源盐度低，珠三角河口区培育海鲈种苗主要采用淡化培育的方法。基本流程为：受精卵孵化（海水盐度 25）──→初孵仔鱼培育（海水盐度 22～25）──→室内培育水体淡化（每 1～2 天淡化 0.5～2 度，前期幅度小后期幅度大，整个淡化过程 15～20 天，视外部水源盐度而定）——→移苗至室外土池培育（室内、外水体盐度一致时转移到室外土池，此时鱼苗一般小于 1 厘米）——→筛苗（鱼苗体长达 3 厘米，鳞片完备，侧线出现时进行大小筛分，防止相互捕食）——→养成（鱼苗体长 5～7 厘米时，即可再次筛分大小转入养成池进行商品化养殖）。

**（三）种苗培育的操作细节**

**1. 鱼苗密度控制**　室内培育池在布卵或者移入初孵仔鱼时，就要考虑到鱼苗密度控制的问题。一般每立方室内水体可容纳 1 万～3 万尾体长 1 厘米的鱼苗，以此为参考值，根据自身育苗技术水平、往年成活率、培育池换水排污条件以及计划出池的时间等反推计算适宜的放苗密度。一般鱼苗出池至室外土池培育时的体长小于 1 厘米，所以室内育苗池的密度可以大致控制在每立方米水体 3 万～5 万尾。

**2. 淡化操作**　珠三角河口区培育海鲈鱼苗的重要环节之一就是淡化。淡化开始的时间点最好在初孵仔鱼开口过料 2～3 天后。淡化幅度前期小后期大，一开始每天淡化 0.5 度，淡化 2～3 天后每天淡化 1 度，淡化后期鱼苗本身可适应每天 2～3 度的淡化幅度，但淡化期育苗池换水量要控制在 50% 以内，以免鱼苗应激反应过大。

淡化时要注意：注入淡化水源不能集中在一个点，防止育苗池局部特别是池角盐度骤降。可使用打好孔的泡沫箱将注入的水流分散开，泡沫箱最好固定在气石鼓气上方。如果培育池数量多人手不足，在设计淡化水源添加管路时，要将注水口设计在育苗池中央气石的上方，以便淡化水源能迅速扩散到育苗水体中。注入淡化水源时要控制好水流速度，防止冲起池底污物或者育苗池盐度降低过快，在不影响其他生产操作的情况下尽量减缓淡化速度，当淡化后期日淡化幅度大、换水量大时，可分早晚两次淡化。

淡化水源使用处理过的当地水源，以便鱼苗逐步适应室外水质，最开始的几次淡化也可使用曝气好的自来水，对预防弧菌病害有一定效果。淡化水源最好经过处理，根据育苗规模大小配备沉淀处理池。如果用水紧张，可以用棉布袋直接过滤使用。

淡化开始前要取少量鱼苗对淡化水源水进行试水，试水没问题时才能进行淡化。如果预计淡化 0.5 度，在试水时进行 1 度的淡化实验，每次试水时淡化幅度要大于育苗池淡化幅度以保证安全。每次增加淡化幅度或者淡化水源改变时，都要进行试水，防止因淡化水源水质问题造成鱼苗损失。

**3. 饵料**

**（1）饵料系列**　珠三角河口区海鲈育苗采用轮虫、水蚤（枝角类、桡足类）、鱼糜以及配合饲料组成饵料系列，其中人工培养轮虫投喂前，用小球藻或营养强化剂进行营养强化。

**（2）投喂方法**

①轮虫的投喂：海鲈仔鱼口裂较大，可以直接用轮虫作为其开口饵料。一般初孵仔鱼经过 4～5 天的发育就要开始第一次摄食，开口时间主要看培育水温，水温高开口早，水温低开口晚。通过显微镜观察海鲈初孵仔鱼的肠道和眼点的

发育程度，可以准确判断出仔鱼是否要开口过料。初孵仔鱼的消化道发育是从两端向中间汇合，即从口和肛门向中间发育出消化道，在胃生长的位置会合贯通。当消化道贯通时，正好是仔鱼眼点出现的时候，这是仔鱼准备开口摄食的标志。在缺乏显微镜的条件下，通过观察仔鱼眼点是否变黑也可以判断仔鱼是否开口过料。

仔鱼准备开口过料时，向培育池中泼洒轮虫，使其密度达每毫升水体 3～5 个，以后 1～2 天随着仔鱼开口数量越来越多，摄食速度越来越快，轮虫密度要逐渐增加至每毫升水体 15 个以上，一般仔鱼开口后 24～36 小时会出现摄食速度的明显增加。在仔鱼开口后的 3～5 天每天投喂一次轮虫，之后根据仔鱼摄食情况，投喂次数增加至每天 2～3 次，轮虫投喂量主要以育苗池水中轮虫密度决定。开口 5～10 天内，要保持育苗池内轮虫密度不低于每毫升水体 5 个；10～15 天，轮虫密度要维持在不低于每毫升水体 10 个；15 天以后，轮虫密度要维持在每毫升水体 15～20 个。此时，若投喂卤虫无节幼体或小个体"水蚤"时，轮虫数量要适当减少。一般在海鲈仔鱼开口过料后 20 天左右的时间，海鲈鱼苗将要转到室外土池培育，室外土池饵料丰度好时，放苗后可暂时不用投喂。

每次投喂轮虫 1 小时后检查仔鱼肠道，大部分仔鱼肠道内应食物饱满，肠道内可见轮虫，否则要找出仔鱼摄食不佳的原因。因为仔鱼畸形等发育不正常的鱼苗可以很明显判断，在排除仔鱼发育不正常的因素后，其他能够影响正常仔鱼摄食的因素有：轮虫密度不足；鼓气量过大；光照强度不足；水温过低，低于 13℃；育苗水体水质突变等。仔鱼摄食情况是判断仔鱼发育正常与否的重要方法，发育良好的仔鱼其摄食状态一定是良好的。

②水蛛的投喂："水蛛"是水产养殖生产一线人员对肥塘后生出的枝角类和桡足类的统称，也有的地方专指桡足类，没有精确的科学定义和品种鉴别。珠三角河口区冬季土池肥塘后培育的水蛛含有枝角类和桡足类。当海鲈鱼苗体长 0.9 厘米左右时，即可投喂水蛛。这时土池内的鱼苗一般已经开始时产生大小分化，投喂的水蛛中含有多种规格的饵料生物，正好适合土池内不同大小的海鲈鱼苗摄食。开始时需要水蛛和轮虫混合投喂，当鱼苗体长 1 厘米以上时可只投喂水蛛。水蛛投喂量要观察鱼苗摄食情况，每天投喂 2～3 次，投喂后 2～3 小时检查水蛛密度，每升水体中有 30～50 个水蛛为宜。开始投喂水蛛后，要注意加强土池的增氧。

③鱼糜的驯食：当海鲈鱼苗体长 2 厘米左右时，即可开始进行鱼糜的驯食。制作鱼糜的饵料鱼最好用海水鱼，根据经验，用淡水鱼制作的鱼糜诱食性差，鱼苗吃后易消化不良。每次投喂的鱼糜都要用冰鲜鱼现做现用，每 5 千克鱼糜掺入 0.25 千克鳗粉料，混匀后可增加鱼糜浮性。开始投喂鱼糜的前几餐可以拌入少量的土霉素预防鱼苗肠炎，但最多连拌 3 天，过量的使用抗生素对鱼苗有害无益。

开始时用水蛛混少量鱼糜驯食几餐，当鱼苗开始摄食鱼糜时，逐渐增加鱼糜的饲喂比例，最后转为完全投喂鱼糜。完全投喂鱼糜后，当鱼苗体长 2～3 厘米时，鱼糜的日投喂量为 10％～15％，白天分 3～4 餐投喂。鱼糜在泼洒时要尽量使鱼糜块小而散，每餐投喂后控制在 1.5～2 小时吃完为宜。投喂鱼糜后水质相对于投喂活体饵料容易变化，要注意加大换水量，保持水质稳定。

④配合饲料的驯食：当鱼苗体长达 3 厘米时，即可开始进行人工配合饲料的驯食。先将少量的配合饲料掺入鱼糜中混合投喂，当鱼苗逐渐开始摄食配合饲料时，缓慢增加配合饲料的比例，最后完全使用配合饲料投喂。驯食配合饲料时要注意：驯食要耐心，即使部分鱼苗可以摄食配合饲料，也不要过快地完全投喂配合饲料，因为这时的鱼苗大小分化，部分小鱼苗不能摄食配合饲料，适当延长鱼糜的投喂时段可以减轻鱼苗的大小分化，保证大部分鱼苗的体质健壮，最好投喂鱼糜加饲料直至鱼苗平均体长达 5 厘米；在完全投喂配合饲料后，要根据池塘水面大小决定是否进行定点投喂，因为水面大的池塘过早进行定点投喂易造成鱼群的大小分化，如受池塘地形条件限制必须定点投喂，则最好延长投喂时间保证所有鱼群都有机会吃到料。

**4. 水质管理**

**（1）换水** 室内育苗池在布卵或者移入初孵仔鱼时，水位控制在 50 厘米，前期淡化时只添加水不排水，当水位到 1～1.3 米时，开始进、排水。淡化操作和换水是一体的，当淡化完成后控制育苗池内日换水量在 30%～50%。换水多采用虹吸法，吸水口可使用换水网框或者在育苗池排水口处设计好 U 形连通管在育苗池外直接虹吸。

用网框时，要注意每次排水时要防止苗被吸附在网片上，最好在虹吸管前端放置一个小桶或者类似装置以弱化虹吸口对网片的吸力，同时每次将网框拿出时要将粘附在网片上的鱼苗冲回池内。随着鱼苗的生长，要及时更换网框的网片，以不漏逃鱼苗为准采取最大的网目。

培育池数量较多的大规模鱼苗培育车间，在育苗池排水口处设计好 U 形连通管，可以在换水操作环节节省大量人力。具体做法是利用 U 形连通管结构，在育苗池排水口内、外都安装上插管，将内管打洞并包上网片防逃，排水时虹吸直接在外管进行，这样可避免排水时虹吸力对鱼苗的影响。用这种方法，虹吸管不能太粗，防止排水太快。这种排水结构，也可以在育苗后期用来进行流水式换水。

室外土池要每天换水 10～20 厘米，采用排水闸口放水的换水方式时要做好防逃工作，可在排水闸口内侧设两层防逃网；采用水泵抽水方式排水时，水泵放入抽水网框内防止吸入鱼苗。土池进水时要防止野生杂鱼进入。

**（2）吸底** 室内育苗池在中后期每天都要进行吸底，良好的吸底操作可净化池底维持育苗水体水质良好，防止细菌、原生动物暴发式生长。吸底前先关闭充气阀门 5 分钟，使鱼苗上浮再开始吸底，吸底时动作要轻，防止将底部污物带起，但速度要尽量快，防止吸底时间过长造成鱼苗缺氧，一般 15 分钟的停气不会对鱼苗造成不良影响。吸底时，排水端最好包裹一条 80 目网袋，浸泡在水盆中。吸污后将网袋在清水中缓慢清洗干净，这样少量被吸出的健康鱼苗还可以回收。

为了提高吸底工作效率，可以用 PVC 管和钢丝管组合制作虹吸管，虹吸管前端用 PVC 管，管头呈 45°角。在虹吸管的两端安装两个球阀，每次吸底前先在虹吸管中灌满水，关闭前后两个球阀。虹吸时，将虹吸管前端放入育苗池水面下打开吸水端球阀，将虹吸管管头放入池底，之后放好虹吸管，打开排水端球阀开始虹吸；当一个育苗池内吸底完成后，先关闭排水端球阀，再将吸水端球阀提至水面下关闭吸水端球阀，取出虹吸管即可开始下一个育苗池的吸底。

（3）去表层油污杂质　海鲈育苗过程中还需要注意清除水面的油膜。随着轮虫的投喂，育苗池水面会形成一些油膜。海鲈为闭鳔类，无鳔管，鳔内气体由红腺产生，但其鳔的前期充气需要鱼苗吞食水面空气。水面油污会影响鱼苗吞食水面空气，造成鱼鳔发育不良，形成鳔闭腔症。鳔闭腔症的鱼苗一般生长缓慢，个体瘦弱，体色发黑，摄食差或者不摄食，浮游在水面，这种鱼苗发育不良，会在后期死亡。海鲈仔鱼孵出5～15天为开鳔期，因此及时清除水面油污，对于保证海鲈育苗成活率具有重要作用。

5. 气石的布置　育苗池内的气石除了增氧外，还有搅动水体维持鱼苗均匀分布的重要作用。气石与气石、气石与池壁的间距以不超过60厘米为宜，气石距离池底3～5厘米。近几年兴起的微孔曝气管虽然增氧效果优于气石，但并不适合在海鲈的育苗池内使用。主要原因就是其搅动水体的效果不如气石，同样鼓气量气石效果明显好于微孔曝气管。

6. 鼓气量的调节　室内育苗池鼓气量的控制规律是先大、后小、再大。孵化期大量鼓气保证受精卵分布均匀，防止其过度集中，缺氧影响孵化，水纹要呈沸腾状；初孵仔鱼时调节鼓气量为微量充气，水纹轻微，以鱼群不聚集在某一点为准，鼓气量过大将影响仔鱼的开口过料；仔鱼孵化后5～10天为开鳔期，仔鱼游动能力弱，鼓气量过大会影响仔鱼上浮吞食空气或误吞气泡，这会导致仔鱼开鳔不佳或发生气泡病，将严重影响仔鱼后期成活率；随着仔鱼的生长游动能力加强，逐步调大充气量，后期鼓气量以各气石鼓气的水纹外界相交为宜。

**7. 光照的调节**　海鲈鱼苗对光线敏感，光线不足影响其摄食，光线太强又会对鱼苗造成刺激，导致鱼苗不安产生应激。育苗车间内要将光照强度控制在1 000～2 000勒克斯，避免阳光通过窗户等直射到水面，夜间可以适当延长光照时间增强海鲈鱼苗摄食量。晚间要尽量避免育苗车间关灯后再开灯。

海鲈鱼苗在出池时也要特别注意光照问题。即使长度3厘米的室内培育的海鲈鱼苗在未经过抗应激锻炼的前提下，由弱光线的室内突然转移至明亮的室外时，也会产生强烈的应激反应造成大量鱼苗死亡。所以，在室内培育池的鱼苗转移到室外培育池时，要选择室外光线偏暗的时段。

**8. 水温的控制**　珠三角河口区冬季自然水温一般在13℃以上，基本可以满足海鲈受精卵的自然孵化，但进行海鲈种苗培育工作最好具备可控温的室内育苗车间。虽然13～15℃水温下海鲈受精卵也可孵化，但相对于15～18℃的孵化温度，其孵化率、仔鱼成活率以及仔鱼生长速度都稍差一些，有报道称仔鱼前期生长水温较低对后期生长速度有不良影响。保温措施除了用锅炉外，也可使用简易的塑料薄膜加保温灯的方式进行保温，相对于自然水温可提高3～5℃。

另外，孵化期间切忌孵化水体温度的骤变。

室外土池的水温应至少在 10℃以上才能放入鱼苗，水深维持在 2 米以上时有助于抵抗寒潮天气。室内保温培育的鱼苗在准备移到室外土池时，要注意提前进行温度驯化。

**9. 鱼苗的应激性锻炼**　室内培育的鱼苗因为培育环境稳定，其抗应激能力相对较差，需要人为进行锻炼。除了投喂营养充足的饵料增强鱼苗体质，还需要在出池前进行抗应激性训练。具体做法为：在准备出池的前 4～5 天，每天先按每立方米水体 10 克泼洒维生素 C＋维生素 E 或者其他抗应激药物，2～3 小时后用长管绕培育池驱赶鱼群，第一次驱赶 2～3 圈后停止，等鱼群适应后可多驱赶几次。经过 3～4 天的训练，海鲈鱼苗的抗应激能力会明显加强。经过抗应激训练的鱼苗在出池后的成活率明显高于未经过训练的鱼苗。

**10. 鱼苗发育各关键时间点**　海鲈鱼苗发育顺序见图 2-2。

**11. 室外培养池的准备**　在准备室外土池时要注意几点：①在室内育苗开始时就需要准备室外土池，最好能控制在室外土池饵料生物高峰期时放苗；②池塘要规整平坦，池壁和池底的杂物要清除干净，否则会影响以后鱼苗出池；③合理利用室外池塘，保证足够的饵料培养池塘数量，因为海鲈育苗成功进入土池培育阶段的关键就在于充足稳定的饵料生物供应；④清塘消毒最好不要使用生石灰，以防止使用过量造成水体 pH 过高，因为水体 pH 超过 8.3 时容易造成海

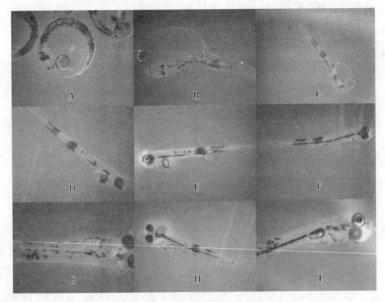

图 2-2　海鲈鱼苗发育顺序

A. 即将破膜的受精卵　B. 刚孵出的仔鱼，体态略微弯曲　C. 孵出数小时后的仔鱼，脊椎平直　D. 仔鱼眼点轮廓清晰，肠道贯通，即将开口　E. 眼点变黑，口裂完全开合，具备摄食能力　F. 仔鱼开口后肠道内可见轮虫，肠壁扩张明显　G. 卵黄物质基本耗尽　H. 仔鱼摄食量增加，鳔开始充气　I. 仔鱼鳔充气明显，生长良好

鲈鱼苗下塘后黑身；⑤池塘保水性要好，水深要能维持在 2 米以上，这样可以降低天气变化对鱼苗的影响；⑥肥水时尽量使用溶水性较好的肥料，防止肥料沉积在池塘底部；⑦池塘面积小时采用底增氧，防止增氧机伤苗，水面大时采用水车式增氧机保证水体交换效率。

**12. 鱼苗由室内培育池转移到室外土池**　鱼苗经过淡化处理和抗应激性训练后，即可准备由室内转移到室外。转移鱼苗的时机要选择一周内天气稳定的时段，在室外光线暗弱的早、晚进行。在转池开始前1天室外土池持续增氧24小时，转池前2～3小时在室内育苗池水体内按每立方米水体10克泼洒维生素C＋维生素E。出池前先停止鼓气，待鱼苗稍微聚集后用80目网捞出放入准备好的水桶或水槽中，带水一起拉到室外土池连水带苗一起缓慢倒入池水中。整个过程要注意防止鱼苗应激和缺氧，因为这时的鱼苗一般还不到1厘米，十分柔弱，操作要十分小心。

**13. 鱼苗的室外土池培养** 海鲈鱼苗成功转移到室外土池培育的关键点就是保证充足的饵料供应和保持水质稳定。根据鱼苗大小投喂轮虫、水蚤、鱼糜及配合饲料。一般1厘米以内的鱼苗投喂轮虫，1～2厘米投喂水蚤，2厘米左右即可开始水蚤和鱼糜混合投喂，3厘米左右可以开始进行人工配合饲料的驯食。

室外土池育苗阶段要注意：鱼苗入池前进行肥水，鱼苗入池后尽量不要施肥，饵料生物不够时从饵料生物池收集添加；池水深度要维持在2米，水位太浅鱼苗受天气影响大；投喂轮虫和水蚤要鲜活，收集时间应控制在2小时以内，死亡的轮虫和水蚤易诱发鱼苗细菌性肠炎；每日换水10～20厘米，保持池塘内水质爽活，注意水质pH维持在7.6～8.2，进水时要用80～100目网袋过滤；刚开始投喂鱼糜的前几餐，可拌入一些土霉素预防肠炎；每次饵料转换时都要混合投喂一段时间；鱼苗长至3厘米左右鳞片齐备时，才能进行筛分大小，鱼苗鳞片未齐备前筛苗会导致鱼苗大量死亡；最好在鱼苗完成人工配合饲料的驯食，完全适应人工配合饲料后才出池进行商品化养殖；鱼苗出池前要拉网锻炼 2 次，以提高出池后的成活率。

**14. 鱼苗的筛分**　由于不同大小的海鲈相互捕食严重，要在海鲈鱼苗长至 3 厘米左右、鳞片齐备时及时筛分大小，提高成活率。筛苗前要准备好分苗的池塘，一般用 6 朝筛筐将鱼苗分出大小两种规格即可。筛鱼要选择天气良好的时段，降温天气严禁筛鱼，否则易诱发水霉病，严重影响鱼苗成活率。筛鱼前两天停止投喂，筛鱼当天向池塘中泼洒一些抗应激的药物，筛鱼后要防止受伤鱼苗发生细菌性感染。

在鱼苗长至 5～7 厘米准备出池转入养成池时，最好再进行一次大小筛分。体长 5 厘米左右可用 7 朝筛筐，体长 7 厘米左右可用 8 朝筛筐。

**15. 鱼苗出池计数**　鱼苗出池时小鱼苗多采用带水计数，大鱼苗可以打杯计数。带水计数要尽量保证鱼苗在计数桶水体中均匀分布，这样打水计数才具有代表性。大鱼苗打杯计数时要注意每次计数时计数杯带起的水量要尽量保持一致，实际操作时就是每次打苗的操作要保持一致性，这样计数才有代表性。

## 五、饵料生物培育

### (一) 轮虫的培育

**1. 珠三角河口区培育轮虫的便利条件**　珠三角河口区培育轮虫有一个便利条件，即采用高盐度地下井水进行土池轮虫培育，这样操作成本低，培育难度小。一般珠三角河口区地下井水盐度都在 20 左右，地下井水在土池中进行曝气处理后，经过施肥可以很容易获得密度较高、种群较纯、营养丰富的小型轮虫，并且用该方法培育的轮虫不需要进行营养强化即可直接投喂。用地下井水培育轮虫，其种群优势持续时间较长（大约可稳定 1 个月），一般 1 000 米³ 水体的轮虫池可以满足大约一个批次 200 万苗的育苗需求。

　　在准备轮虫培育池时，要按照育苗生产计划需求多准备 2～3 口的轮虫培育池，同时将初始培育时间相间隔 5～10 天。因为育苗工作往往是分几个批次进行的，这样需要准备不同批次的轮虫培养池，以确保育苗时轮虫的充分供应。为防止某个轮虫池藻类暴发或者其他意外情况下倒池，需要多准备几口轮换备用的轮虫池。

　　**2. 轮虫的培育方法**　　选择发生过轮虫的土池作为轮虫培育池。在轮虫培育池中抽入地下井水后，经过 4～5 天曝气处理，按每立方米水体 0.3 千克发酵干鸡粪施肥，施肥后在轮虫培育池边用大桶发酵一些鱼浆和鳗鱼粉的混合物备用。发酵好后，每隔 2～3 天在晴天上午泼洒几十升发酵液，然后再向桶中补充等量的池水继续发酵。一般施肥后 1 周左右，轮虫密度即可迅速增加，肉眼观察水色越来越红。需要注意的是轮虫属于微氧状态生物，不需要太高的溶解氧环境，除了在施肥初期开增氧机进行搅水外，不需要进行增氧，低氧的环境条件也有助于阻止轮虫池内枝角类和桡足类的发生。为了防止藻类繁殖和肥料过多沉积在池底，每 3～5 天用铁链或者其他工具对轮虫培养池进行拖底，搅浑池水。

　　一般珠三角河口区的土池内都会有轮虫的种源。如果场区内没有土池发生过轮虫，可以选择一口小面积的土池，加入自然水源后用死鱼沤肥，一段时间后轮虫自然就能大量生出，可以作为轮虫种源。

**3. 轮虫的收集** 轮虫可以用潜水泵加网袋的方式收集。潜水泵的选择可根据轮虫需求量选择不同功率，尽量选择大口径低功率的潜水泵；同时水泵越大，配套的收集网袋越长。一般 1 寸*泵用 3 米长网袋，6 寸泵用 10 米长网袋。在轮虫池安装潜水泵时要注意不要吸到底泥。轮虫收集网袋用 200～300 目网制作成直径 30 厘米左右的圆筒状，两端开口。一般 200 目网目大小即可，但由于网店制作网袋所用的网片可能不标准，有些标注为 200 目的网袋还是能漏出一些轮虫，可以选择 300 目网袋。收集上来的轮虫用 150 目捞网冲洗，200～300 目捞网收集（和收集网袋同理）。捞网要开口大、网底宽，深度 30 厘米左右。

轮虫收集时，潜水泵的出水口要在水下，避免水流冲出水面。每次轮虫收集时间控制在 2 小时内，尽量保证轮虫投喂时是鲜活状态。轮虫收集网袋每隔几天都要用弱酸浸泡，清洗干净。

当轮虫池的水色随着不断收集轮虫而明显变淡时，需要重新施肥、刮底将轮虫密度提高。

**4. 营养强化** 轮虫在投喂前最好用海水小球藻或者营养强化剂进行强化 12 小时。海水小球藻强化轮虫时用量为每毫升水体维持藻密度 2 000 万～3 000 万个细胞。营养强化剂用量为每立方米水体 30～50 毫克，并且最好选用甘油

---

* "寸"为非法定计量单位，1 寸＝0.033 米。——编者注

酯型脂肪酸强化剂，其营养强化效果最好。经强化过的轮虫在投喂给海鲈鱼苗前一定要用清水冲洗干净，减少对鱼苗培育池的油污污染。在仔鱼开口过料的前几餐，投喂营养丰富的轮虫十分重要，仔鱼刚开口过料的一段时间对仔鱼发育十分重要，特别是仔鱼开鳔期，体质强壮的仔鱼才能更好地上浮水面吞食空气使气鳔发育良好。

### （二）水蛛的培育

**1. 水蛛替代卤虫** 一般鱼苗培育过程在投喂一段时间轮虫后，都用卤虫无节幼体作为饵料。但珠三角河口区冬季的环境条件可大量培育水蛛，即枝角类和桡足类。枝角类又简称溞类或水蚤，俗称红虫，属无脊椎动物、甲壳纲、鳃足亚纲、枝角目；桡足类，隶属于节肢动物门、甲壳纲、桡足亚纲，为小型甲壳动物。二者在淡水、半咸水和海水中（人工驯化的枝角类可以在海水中存活）均有分布，种类繁多，一般枝角类成体长 0.2～1 毫米，桡足类成体长＜3 毫米，其幼体和成体的生态学特性以及营养成分都十分适合与轮虫组合成饵料系列，作为海鲈仔鱼的生物饵料。

用水蛛替代卤虫除了可以降低养殖成本，同时也符合珠三角河口区近海低盐度的自然条件。卤虫卵孵化要求的水温和盐度条件都不适合珠三角河口区冬季的自然条件，育苗过程中培育卤虫无节幼体需要专门的培育设施，这会使育苗成本大增，不适合在海鲈育苗生产中应用。而水蛛的培养可以利用土池进行，操作简单。

**2. 土池培育水蛛** 珠三角河口区冬季近海海水盐度一般为 4～7，土池纳入自然水源后，经过施肥、增氧等操作可以培育出较高密度的水蚤，收集时其组成物多为枝角类、桡足类幼体以及桡足类成体。培育方法为：水蚤培育土池面积1 500～3 000 米² 为宜，面积太小水体不稳定，面积太大施肥等操作工作量太大；进水时用60 目网袋滤水，水深1～1.5 米，全池按每立方米水体泼洒漂白粉20 克彻底清塘消毒；同时在池塘边放置数个50～100 升容积的发酵桶，按米糠2.5 千克、红糖0.5 千克加少量酵母菌的比例发酵备用，也可用花生麸5 千克加少量酵母菌发酵，发酵总量需根据水蚤培育水面决定；清塘消毒后第二天开动增氧机曝气2～3 天，5～7 天后，选择晴天上午将发酵好的发酵液和残渣一起全池泼洒，首次施肥量为每立方米水体泼洒米糠5 克、红糖1 克加少量酵母菌的发酵物；因为水蚤耗氧量较大，首次施肥后要全天开动增氧机以利水蚤繁殖，增氧机配置按1 500～3 000 米² 水面配一台1.5 千瓦增氧机，大水面最好将水车式和叶轮式增氧机配合使用，水面较小的使用水车式增氧机；之后每隔5～7 天可根据水蚤丰度进行追肥；一般15～20 天时间水蚤数量会开始迅速增加，当收集水蚤的池塘水蚤密度较低时，应停止收集该塘并进行再次肥塘。

**3. 水蚤的收集** 水蚤收集用水蚤收集网（一般网店有成品出售，网目100～150）配合水车式增氧机使用。将收集网安放在水车式增氧机前方2～3 米处，每次收集时间控制在2 小时以内，以保证收集网内水蚤的鲜活状态。水蚤收集量不足时可以通过增加施肥、多培育几池水蚤多池同时收集以及增加收集次数等方法进行调整。死亡水蚤会迅速腐坏，海鲈鱼苗摄食后容易发生肠炎。

# 第三章 海鲈营养需求、饲料加工标准和生产工艺

## 第一节 营养需求与饲养标准

### 一、营养需求

海鲈具有养殖周期短、肉味鲜美，经济效益高等特点。近几年海鲈的集约式养殖发展迅速，养殖技术日趋成熟，具有很大的发展潜力。伴随着海鲈养殖和饲料工业的迅速发展，海鲈的营养学研究也逐渐成为水产动物营养学研究的热点并得到长足发展，目前世界上有关海鲈营养学的研究主要集中在中国，中国海洋大学水产动物营养学教育部重点实验室的研究团队在中国工程院院士麦康森教授的带领下，对海鲈营养的相关领域进行了深入、系统的研究。

2005—2012 年，在国家"十五"和"十一五"科技攻关项目的资助下，该研究团队对海鲈的营养生理和营养免疫学研究展开了集中攻关，取得了丰硕的研究成果。

**1. 海鲈对不同饲料原料的消化利用率** 海鲈对不同饲料原料的消化利用率见表 3 - 1。

**2. 海鲈对蛋白质和氨基酸的需求** 海鲈对蛋白质和氨基酸的需求见表3 - 2 和表 3 - 3。

表 3 - 1　海鲈鱼对不同饲料原料的消化利用率

| 饲料原料 | 干物质（%） | 粗蛋白（%） | 能量（%） |
|---|---|---|---|
| 进口鱼粉 | 98.71 | 98.87 | 95.24 |
| 国产鱼粉 | 90.57 | 90.26 | 86.80 |
| 血粉 | 77.08 | 62.94 | 76.27 |
| 喷雾干燥血粉 | 93.56 | 91.82 | 81.06 |
| 羽毛粉 | 55.94 | 68.39 | 74.07 |
| 水解羽毛粉 | 97.89 | 89.11 | 81.44 |
| 鸡肉粉 | 93.70 | 92.44 | 88.81 |
| 牛肉、骨粉 | 96.14 | 90.61 | 82.60 |
| 猪肉粉 | 95.93 | 96.53 | 94.19 |
| 虾糠 | 41.84 | 45.01 | 65.54 |
| 豆粕 | 91.84 | 94.91 | 80.65 |
| 双低菜籽粕 | 70.56 | 86.86 | 82.48 |
| 高筋面粉 | 63.50 | 71.08 | 90.38 |
| 米糠 | 63.52 | 98.27 | 78.00 |

表 3 - 2　海鲈对蛋白质的需求

| 初始体重（克） | 需求量（%） |
|---|---|
| 2.1 | 42.73 |
| 2.6 | 39.85～40.12 |

表 3 - 3　海鲈对氨基酸的需求

| 氨基酸 | 初始体重（克） | 占饲料干物质比例（%） | 占总蛋白比例（%） |
|---|---|---|---|
| 组氨酸 | 8.0 | 0.54 | 1.29 |
| 赖氨酸 | 5.5 | 2.49 | 5.8 |

（续）

| 氨基酸 | 初始体重（克） | 占饲料干物质比例（%） | 占总蛋白比例（%） |
|---|---|---|---|
| 蛋氨酸 | 5.5 | 1.26 | 2.93 |
| 精氨酸 | 5.5 | 2.64 | 6.14 |
| 苏氨酸 | 8.0 | 1.78 | 4.24 |
| 苯丙氨酸 | 8.0 | 1.3 | 3.1 |
| 亮氨酸 | 8.0 | 2.38 | 5.67 |
| 异亮氨酸 | 8.0 | 1.94 | 4.69 |

**3. 海鲈对脂肪和脂肪酸的需求**　海鲈对脂肪和脂肪酸的需求见表3-4和表3-5。

**表3-4　海鲈对脂肪的需求**

| 初始体重（克） | 最适含量（%） |
|---|---|
| 1.39 | 9.79 |
| 6.26 | 12.00 |

**表3-5　海鲈对脂肪酸的需求**

| 脂肪酸 | 初始体重（克） | 最适比例或含量（%） |
|---|---|---|
| ARA | 9.48 | 0.22～0.56 |
| DHA/EPA | 9.48 | 2.05 |
| 鱼油∶亚麻油 | 10.09 | 2∶1 |

**4. 海鲈对碳水化合物的需求**　海鲈对碳水化合物的需求见表3-6。

**5. 海鲈对维生素的需求**　海鲈对维生素的需求见表3-7。

表 3 - 6    海鲈对碳水化合物的需求

| 初始体重（克） | 最适含量（%） |
| --- | --- |
| 3～4 | 12.1 |
| 8.0 | 19.8 |

表 3 - 7    海鲈对维生素的需求

| 维生素 | 初始体重（克） | 需求量 |
| --- | --- | --- |
| 维生素 A | 10.2 | 1 934.8 国际单位/千克 |
| 维生素 D | 2.26 | 431.0 国际单位/千克 |
| 维生素 E | 10.2 | 55.8 国际单位/千克 |
| 维生素 C | 6.26 | 489.0 毫克/千克 |
| 生物素 | 6.16 | 0.046 毫克/千克 |
| 核黄素 | 9.49 | 4.89 毫克/千克 |
| 泛酸 | 2.18 | 11.64～12.09 毫克/千克 |
| 吡哆醇 | 9.37 | 2.96 毫克/千克 |
| 叶酸 | 2.15 | 1.22 毫克/千克 |
| 烟酸 | 2.1 | 19.45 毫克/千克 |
| 肌醇 | 10.2 | 261.22 毫克/千克 |
| 胆碱 | 16.2 | 929.40 毫克/千克 |

**6. 海鲈对矿物质的需求**　海鲈对矿物质的需求见表3-8。

表 3 - 8    海鲈对矿物质的需求

| 矿物质 | 初始体重（克） | 需要量 |
| --- | --- | --- |
| 磷 | 6.28 | 6 800 毫克/千克 |
| 锌 | 2.24 | 53.2 毫克/千克 |
| 铁 | 1.52 | 95.2 毫克/千克 |
| 锰 | 1.43 | 5～12 毫克/千克 |
| 混合无机盐 | 5.50 | 4% |

**7. 海鲈饲料鱼粉替代物**　海鲈饲料鱼粉替代物种类及含量见表3-9。

表3-9　海鲈饲料鱼粉替代物种类及含量

| 替代蛋白源 | 初始体重（克） | 替代比例（%） |
|---|---|---|
| 玉米蛋白粉 | 18.09 | 60 |
| 棉籽蛋白 | 5.04 | 50 |
| 菜籽粕 | 8.3 | 20 |
| 混合动物蛋白粉 | 76.3 | 18.9 |
| 复合蛋白源 | 6.26 | 26 |

**8. 海鲈饲料中鱼油替代物**　海鲈饲料鱼油替代物种类及含量见表3-9。

表3-10　海鲈饲料中鱼油替代物种类及含量

| 替代脂肪源 | 初始体重（克） | 替代比例（%） |
|---|---|---|
| 猪油 | 5.87 | 50 |
| 牛油 | 5.87 | 50 |
| 禽类油 | 5.87 | 50 |
| 豆油 | 5.87 | 50 |
| 玉米油 | 5.87 | 50 |
| 牛油、豆油、鱼油（3∶1∶1） | 5.87 | 50 |

**9. 海鲈饲料中添加剂使用效果**　海鲈饲料中添加剂的使用效果见表3-11。

**10. 饲料中有毒有害物质对海鲈生理生化指标的影响**　有毒有害物质对海鲈生理生化指标的影响见表3-12。

表 3 - 11　海鲈饲料中添加剂的使用效果

| 添加剂 | 初始体重（克） | 作用 |
| --- | --- | --- |
| 868 菌发酵物 0.5% | 73 | 提高增重率、降低饲料系数 |
| 植酸酶和非淀粉多糖酶 | 6.26 | 提高增重特定生长率和消化酶活性 |
| 栀子＋陈皮＋阿魏 | 15 | 诱食 |
| 陈皮＋栀子 | 15 | 抑制摄食 |
| 阿魏 | 15 | 诱食 |
| 陈皮 | 15 | 诱食 |
| 肉桂 | 15 | 趋避 |
| 白芷 | 15 | 趋避 |
| 山楂 | 15 | 趋避 |
| 大茴香 | 15 | 趋避 |

表 3 - 12　有毒有害物质对海鲈生理生化指标的影响

| 有毒有害物质 | 蓄积规律 |
| --- | --- |
| 喹乙醇 | 肝脏残留量最大 |
| 镉 | 镉在肾脏、肝脏和鳃中沉积量较大，在肌肉组织未检测出 |
| 烟酸铬 | 当添加量超过 5 毫克/千克时，抑制生长，肝脏蓄积量大于肌肉 |
| 氧化鱼油 | 随着鱼油氧化值升高，肝脏丙二醛含量升高 |

## 二、商业配合饲料营养指标

目前，海鲈商业配合饲料生产厂家有许多家，市场销售价格在 8 000～9 000 元/吨。正常养殖情况下，一个养殖周期内（12 个月以内）每千克海鲈饲料成本在 11～13 元，随着养殖时间的延长，每千克海鲈的饲料成本逐渐增加。目前市场上多数商业配合饲料的营养标准高于国家 2009 年颁布的《鲈鱼配合饲料国家标准》（GB/T 22919—2008）。常规鲈鱼商业饲料营养备案标准见表 3-13。

**表 3-13　常规海鲈商业饲料营养备案标准（%）**

| 鲈鱼配合饲料 | | 粗蛋白质≥ | 粗脂肪≥ | 粗纤维≤ | 粗灰分≤ | 水分≤ | 赖氨酸≥ | 钙≤ | 总磷≥ | 食盐≤ |
|---|---|---|---|---|---|---|---|---|---|---|
| A系列 | 鱼苗 0、1 号料 | 44.0 | 5.0 | 3.0 | 15.0 | 10.0 | 2.25 | 4.00 | 1.00 | 3.00 |
| | 稚鱼 2、3 号料 | 42.0 | 5.0 | 3.0 | 15.0 | 10.0 | 2.20 | 4.00 | 1.00 | 3.00 |
| | 小鱼 4 号料 | 41.0 | 5.0 | 3.0 | 15.0 | 10.0 | 2.15 | 4.00 | 1.00 | 3.00 |
| | 中成鱼 5、6、7、8、9 号料 | 40.0 | 5.0 | 3.0 | 15.0 | 10.0 | 2.10 | 4.00 | 1.00 | 3.00 |
| B系列 | 鱼苗 0、1 号料 | 42.0 | 5.0 | 3.0 | 15.0 | 10.0 | 2.20 | 4.00 | 1.00 | 3.00 |
| | 稚鱼 2、3 号料 | 41.0 | 5.0 | 3.0 | 15.0 | 10.0 | 2.15 | 4.00 | 1.00 | 3.00 |
| | 小鱼 4 号料 | 39.0 | 5.0 | 3.0 | 15.0 | 10.0 | 2.10 | 4.00 | 1.00 | 3.00 |
| | 中成鱼 5、6、7、8、9 号料 | 38.0 | 5.0 | 3.0 | 15.0 | 10.0 | 2.05 | 4.00 | 1.00 | 3.00 |

# 第二节　饲料加工与生产

## 一、膨化配合饲料生产工艺

随着国内科研院所和高校在基础理论方面研究的不断深入，饲料企业在饲料配方、制作工艺和相关机械设计等方面的提升，海鲈膨化饲料生产工业水平也得到突飞猛进的发展，先后在原料选择、加工粉碎细度、脂肪源选择、脂肪添加方式、烘干方式和生产效率方面有了长足进步。在饲料养殖效果方面，以珠海斗门地区为例，集约化池塘精养海鲈，每公顷产量在 75 吨左右时，2006 年前海鲈饲料的饲料系数在 1.5～1.6（每 20 千克饲料生产 12.5～13.5 千克鱼），到 2011 年已降低到 1.2～1.3（每 20 千克饲料生产 15～16.5 千克鱼）。这期间标志性的事件为 2008 年年底，由行业企业牵头编制了《鲈鱼配合饲料国家标准》(GB/T 22919—2008)，在全国范围内首次对鲈鱼配合饲料的营养标准和生产工艺做了明确要求。

海鲈膨化配合饲料生产工艺流程见图 3-1。

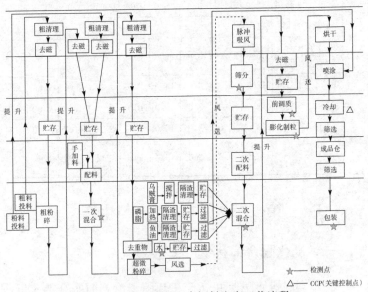

图 3-1　海鲈膨化配合饲料生产工艺流程

## 二、商业配合饲料质量的简易辨别方法

### (一) 优质海鲈商业饲料的外观和物理性状特征

1. 饲料颜色呈棕黄色或黄褐色，颜色一致、大小均匀、

颗粒分明，无粘连。

2. 颗粒膨化度好、外表光滑、油脂喷涂均匀、具有较强的鱼腥香味，气味清香不浑浊。

3. 颗粒水分含量适中且均匀，无过硬颗粒，无软粒或变形、破碎粒，含粉率低。

4. 耐水性好，池塘养殖水体中浸泡 12 小时不溃散。

5. 浮水率高，1~2 号料浮水率应大于 98％，3~9 号料浮水率应达到 100％。

6. 水中软化时间适中，1~3 号料 30 分钟内软化率大于 90％，4~9 号料 45 分钟内软化率大于 90％。

7. 诱食性好，适口性强，海鲈抢食快，消化吸收好，生长迅速。

**（二）不同加工质量的鲈鱼饲料外观对比照片**

**1. 不同大小型号海鲈膨化饲料** 见图 3-2。

图 3-2 不同料号的饲料

**2. 外观较好的海鲈膨化饲料** 见图 3-3。

图 3-3 优质饲料外观饱满

**3. 膨化度差的海鲈膨化饲料** 见图 3-4。

图 3-4 膨化度差的饲料

**4. 饲料变形、粘连**　见图 3-5。

图 3-5　劣质饲料

**5. 饲料粉多、破碎粒较多**　见图 3-6。

图 3-6　饲料表面粉多、颗粒多

**6. 投喂后粉末较多** 见图 3-7。

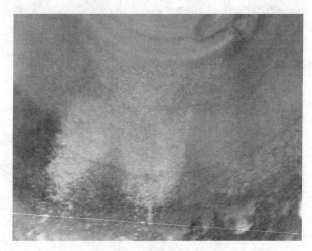

图 3-7 饲料桶内的粉末

**7. 不同浮水率的海鲈膨化饲料** 见图 3-8。

图 3-8 不同质量饲料浮水率的差异

**8. 饲料变形、破碎粒多** 见图 3-9。

图 3-9 质量差的饲料外观参差不齐

**9. 外表粗糙、喷油不足的海鲈饲料** 见图 3-10。

图 3-10 饲料表面粗糙、质量差

# 第四章　河口区海鲈驯化养殖技术

## 第一节　养殖池塘的准备

### 一、养殖池塘的基本条件

海鲈属河口性鱼类，具有与其他养殖品种不同的特性。适宜的池塘条件，有利于提高海鲈生长效率。

#### （一）水源和地质

养殖池塘适合选择水质良好，进、排水方便，咸、淡水丰富的池塘。养殖池塘的地质以壤土、沙壤土为好，此地质保水能力好，不易与外界进行水交换，能有效减少外面的细菌和病毒引入。

#### （二）面积与深度

养殖池塘面积一般 3 000～8 000 米²，最适合面积 4 500～6 500 米²，面积较大的池塘，由于水面经常受到风的吹动，能增加水中的溶氧量，表层和底层水亦可借助风力对流，有利于有机物的分解，给海鲈生长提供良好的条件。海鲈底栖而喜欢浮游于水体中上层摄食，水深一般要求 1.5 米以上，1.8～2.5 米较适宜，为海鲈高产养殖提供适宜的空间条件。

### (三) 塘形、朝向和池底

养殖池塘以长方形为好。朝向宜以东西向为宽、南北向为长，如此不但有利于提高水温和浮游植物的光合作用，还有利于借助风力增氧，提高池塘的溶氧量，节省增氧机的开动时间，降低养殖成本。池塘长宽之比以5：3为宜，这样不仅外形美观，而且有利于饲养管理和拉网操作；池底要求平坦，并向排水口倾斜，比降一般为25%～33%。

## 二、苗种放养前准备工作

苗种放养前准备工作至关重要，它是改善池塘环境条件，预防鱼类疾病的有效措施之一。良好的准备工作有利于提高苗种成活率，增加产量。

### (一) 池塘整治

**1. 池塘整修**　已养过鱼或虾的池塘，池底积累了大量残饵、粪便以及有机物和淤泥。因此，每次养殖收获后须对池塘进行曝晒、清淤，平整池底；同时需要修理水门，改善进、排水系统即进、排水渠道必须独立，加固塘堤，整理堤面，使堤面适当向外倾斜，避免更多的雨水和有害物进入池塘。

**2. 池塘改造**　深水环境有利于海鲈适应气候的变化和栖息生活，而合适的面积有利于养殖管理和投资，因此可以通过浅塘改深塘、大塘改小塘等措施，为海鲈养殖高产高效奠定基础。浅塘进行深挖时，可将开挖的底泥铺在池埂上，也可另行挖土填高池埂。一般水深1.8～2.5米比较理想；而大塘改小塘，一般较适合面积为4 500～6 500米$^2$。

**3. 加强增氧设施和发电机的配备**　海鲈池塘养殖水位较深，须通过加设足够动力的增氧设备，如此不但可以有效地提高水体中的溶解氧含量，还可以起到打破池底还原层和净化水质的作用，保障高产养殖的安全。一般每 5 000 米² 养殖水面须配备 2 台水车式增氧机和 5 台叶轮式增氧机，还须准备 1~2 个备用电机，以备电机烧坏时及时更换。同时，沿海地区容易受台风和电力不足双重的影响，停电或错峰用电情况时有发生，为保证养殖安全，海鲈养殖场必须配备匹配的发电机和柴油，如 20 000 米² 水面的海鲈养殖场通常需要配备 50 千瓦以上的发电机。

**4. 池塘配置**

**（1）进、排水系统**　池塘应分别配置独立的进、排水河渠和进、排水豆闸。进水时，外江河的新鲜水体经过进水河渠和进水豆闸进入池塘；排水时，池塘的陈旧水体经过排水豆闸和排水河渠排出外江河。这样的系统不但能获得清新的水源，还能将使用过的脏水顺利地排走，有效地减少养殖生产过程中病原体的积累，达到健康养殖的目的。

**（2）机械设置**　池塘要有稳定充足的电源线路，根据养殖生产的需要配置抽水机、增氧机和饲料投喂机等。

**（3）交通运输**　池塘道路要通达，方便根据养殖生产的需要进行必要的种苗、饲料和收获产品的运输。

**（二）三级围网的设置**

海鲈为肉食性鱼类，养殖前期必须进行驯化，对于驯化后在原塘进行养殖的须在原池中修筑三级围网，分别作为鱼苗培育池及鱼种一级、二级培育池使用，面积比例为

2：3：5，围网网目一般选择 20～40 目为好，高度维持高于水面至少 30 厘米以上。设置围网时，先在池塘堤岸长边的中间位置横向拉一围网，将池塘一分为二，然后在分割出来的一半面积中再拉一围网，分割出面积比为 2：3 的 2 口小池分别作为鱼苗培育池及鱼种一级培育池，围网每隔 2 米用竹或木棍固定，下端埋于池底，网底至少埋入底泥 20～30 厘米深（图 4-1）。

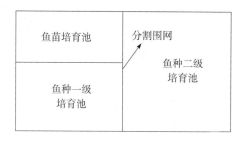

图 4-1　三级围网设置

## （三）清塘

清塘一般采取以下几个方法：

**1. 石灰消毒**　生石灰消毒对淤泥多的老塘最为适宜。生石灰和水作用后利用其强碱性，不但能杀死蝌蚪、水生昆虫、杂鱼虾、青苔等敌害生物以及池塘中的寄生虫、致病菌等有害微生物，还能改良底质，使腐殖质由有害变为有利。一般用量为每立方米水体施石灰 80～150 克。方法是：清整鱼塘后把生石灰堆放塘底，进水 10～20 厘米，趁生石灰遇水起剧烈的化学作用时，用长柄瓢均匀泼洒于池底和塘基。

**2. 漂白粉消毒**　漂白粉适宜带水消毒，且使用简便，效果好。漂白粉与水起化学作用，生成次氯酸，放出强烈的初生态氧，有效杀死杂害鱼虾、蝌蚪、水生昆虫、青苔等敌害生物，以及池塘中的寄生虫、致病菌、病毒等有害微生物。一般每立方米水体放漂白粉30～40克。使用时，将漂白粉加水溶化后，全池均匀泼洒。泼洒漂白粉最好选择太阳落山后或者日出前阳光不强烈时，强烈的阳光会降低漂白粉一类消毒剂的使用效果。

**3. 茶粕清塘**　茶粕适宜带水毒塘。茶粕一方面能杀死蛙卵、螺蛳、蝌蚪、蚂蟥、杂鱼等，起到一定毒塘作用，另一方面茶渣还能肥沃水质，但不能杀灭病菌和病毒。一般清塘时配合漂白粉或石灰使用效果更全面，应注意茶粕可以与浸水冷却后的石灰液一起泼洒，但不能与漂白粉同时使用。选择新鲜质量好的茶粕，每立方米水体需茶粕60～75克。使用茶粕毒塘时需要提前浸泡1～2天，选择在晴天用瓢遍洒全池。在高温时其毒性作用大，低温时毒性较小，须适当加大用量，毒塘3～7天后毒力消失，需要用活体生物如虾苗或鱼苗试验毒力消失与否。

**（四）培水**

在清塘、设置围网等准备工作完成后，开始进水培育浮游生物。

**1. 进水**　进水前，分别在进水管两端套好筛网，进水端网目30～40，长度1.5～2.0米，出水端筛网为双层，里层60目，外层100目，长度分别为5米和8米。如果水源没有盐度，可通过抽取地下咸水或购买天然海水使养殖池塘中水体盐度达1以上为好。前期进水不宜过多，一般来说平均水深保持在80～90厘米即可（图4-2）。

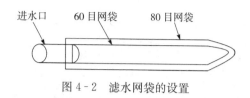

图 4-2　滤水网袋的设置

**2. 培育浮游生物**　　池塘进水后，应该抓紧时间肥水，由于海鲈放苗时间主要集中在冬季，气温低，浮游生物特别是枝角类不容易培养，因此肥水最好在放苗前 10～20 天进行。肥水的目的在于增加水中的浮游生物数量，给前期的鱼苗提供丰富的饵料生物，使池水保持适宜的透明度。提倡结合使用优质有机肥和无机肥，在生产实践中适当使用经有益微生物发酵 15 天以上的杂鱼浆可有效加快枝角类培育；施肥应以少量多次为原则，保持水质稳定平衡（图 4-3～图 4 -7）。

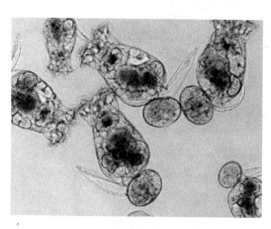

图 4-3　轮　虫

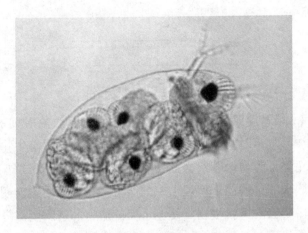

图 4 - 4　枝角类

图 4 - 5　桡足类

图 4 - 6 卤虫（丰年虾）

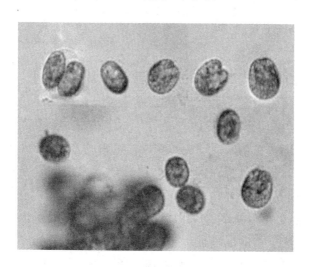

图 4 - 7 绿藻（扁藻）

# 第二节　苗种放养和驯化

## 一、苗种放养

### (一) 苗种选择

苗种选择经检疫合格的，规格整齐、体质健壮、无病、无伤、无畸形，规格3厘米以上的海鲈鱼苗为好。

我国海鲈鱼苗人工繁殖长期以来主要集中在福建、山东以及广东饶平等，在斗门地区池塘养殖海鲈，鱼苗容易受长途运输和盐度淡化过快的双重影响，直接下塘养殖成活率普遍较低。因此，最好选择经本土暂养淡化的海鲈鱼苗。近年来，在斗门也出现本土化孵化、培育生产的海鲈鱼苗，且表现出成活率高、畸形率低，适应能力强等特点，深受当地养殖户的欢迎。

### (二) 放养密度

近年来，斗门地区海鲈池塘养殖放养密度越来越大，规格在3厘米以上的海鲈鱼苗放养密度一般在每平方米水面11~22尾；同时还受池塘条件、饲养方式、养殖模式、管理水平以及鱼苗成活率的影响，养殖密度差异较大。以规格5~10厘米的鱼苗为例（经标粗驯化，养殖成活率90%以上），饲养方式不同，放养密度差异很大，计划赶头批鱼上市（8~9月份）的池塘放养密度为每平方米水面7.5尾，养至年底上市的池塘放养密度为每平方米水面10.5尾，养至翌年4~5月份上市的放养密度为每平方米水面15~22尾。

## 二、鱼苗淡化培育

海鲈养殖要经过鱼苗淡化培育的重要过程，这是决定养殖是否成功的一个关键环节。鱼苗淡化培育要经过两个阶段：幼苗体长从约1厘米至2.5厘米的出售前淡化培育，养殖农户购买后从2.5厘米淡化培育至8厘米，成为大规格鱼种放养。

从自然海区捕捞的鱼苗通常是在靠近海边有淡水到达的地方修筑池塘或利用网箱淡化培育，人工繁育的鱼苗则可更方便地利用育苗池进行淡化培育。海鲈幼苗淡化过程是从盐度25左右开始逐渐降盐，每次降低5，每次持续时间48小时，最后淡化至盐度约为5才能运输出售。幼苗出售前的淡化培育十分重要，不但大大地减少了养殖农户的生产操作，还直接影响了淡化培育成大规格鱼种的成活率。

养殖农户购买体长约2.5厘米的鱼苗回来后，还要继续在养殖池塘进行第二阶段的淡化培育，通常有如下两种方法：

### （一）池塘淡化培育

**1. 池塘条件** 用于淡化培育的池塘面积以2 000米² 左右为宜，小面积池塘水质容易调节并且操作方便。淡化培育池塘与养殖成品鱼的池塘不能距离太远，方便鱼种的过塘养殖，减少搬运损伤。

**2. 调节盐度** 池塘经过干塘消毒，进水约1.2米，水体盐度应与幼苗的运输水体盐度一致，如果过高加入淡水，过低则加入高盐海水或地下水调节。培苗期间因雨水或江河淡水的渗入，培苗水体盐度会渐渐变淡，但盐度至少要保持在 2 以上。

**3. 培水**　投放鱼苗前 10 天要进行肥水，培养水蚤，方法是施放粪肥或田间杂草沤水，使池塘水的透明度在 20～25 厘米，也可每立方米水体泼洒 3 克复合肥加快浮游生物的生长，培育出大量的水蚤作为海鲈幼苗饵料。

**4. 培苗密度**　每平方米水面投放 2 厘米的幼苗 150～225 尾，鱼苗要求整齐、无损伤，并经过繁育场合格的初始淡化。

**5. 分筛选育**　幼苗标出培育期约 60 天，由于海鲈属肉食性鱼类，当个体差异大、饵料不足会互相捕食，故此期间要经过 3～5 次分筛，将不同生长规格的鱼苗分开培育。筛分方法是先用网片将标出培育池塘分隔为 3～5 块小水面，鱼苗体长分别在大约 3.5 厘米、4.5 厘米、5.5 厘米和 6.5 厘米的阶段各筛选一次，分别投放在分隔的小水面培育，最后长至 8 厘米以上的大规格鱼种才投放到大塘养成。

**6. 投饵驯养**　幼苗进塘时可摄食水蚤，放苗一周后池塘水蚤减少，改为投喂鱼浆拌适量的鳗鱼饲料。海鲈幼苗食量大，每天投喂量为体重的 30%，分作早、中、晚三餐撒在池塘的四周。最后一次分筛后，改为投喂海鲈幼苗专用饲料，驯养鱼苗逐渐适应摄食人工颗粒浮水饲料，为成鱼养殖做好准备。在鱼苗投饵驯养过程中，注意定时、定点、定量投喂，让鱼群习惯接受饲养进食，为以后的养成打下基础。

**7. 增氧**　培育池塘的溶解氧要充足，可在池塘分隔的小水面分别安装一台 1.5 千瓦的叶轮式增氧机，防止鱼苗在淡化培育过程中缺氧死亡。

**8. 池塘水体消毒**　鱼苗培育过程中由于培水肥塘和投喂鱼浆等，容易造成水质败坏，滋生各种细菌和寄生虫。因此培育池内水体每隔 10～15 天要进行消毒、杀虫，方法为每立方米水体使用 0.2 克二氧化氯杀灭细菌、病毒，隔天每立方米水体使用 0.7 克的硫酸铜合剂杀灭各种虫害。

经过约 60 天的淡化培育，鱼苗从 2.5 厘米长至 8 厘米以上，成为养成商品鱼的大规格鱼种，成活率可达 60%～80%。

## （二）网箱淡化培育

使用网箱淡化培育鱼苗的方法适合缺少小面积池塘的养殖者，网箱设在养殖海鲈的大池塘里。这种淡化培育鱼苗的方式可免除鱼苗搬运过塘造成的损伤，简化淡化培育鱼苗过程。

**1. 池塘准备**　养殖海鲈商品鱼的池塘每口面积通常在 0.5～1 公顷，经消毒后进水 1.5 米。

**2. 网箱设置**　按照每亩养殖池塘大约设置 20 米$^2$ 网箱的参考值，于池塘的一侧设置数个网箱，网箱用 14 目左右的网片缝合成长 10 米、宽 2 米、深 1.2 米的规格，用竹竿固定；网箱附近安装 3～4 台叶轮式增氧机，为鱼苗生长提供足够的溶氧；从岸上搭建栈桥至网箱边，方便投饵等管理操作。

**3. 培苗密度** 海鲈的商品鱼养殖通常每亩水面投放 8 厘米以上的淡化鱼种 8 000 尾，网箱培苗密度按照以上参数多投放 30％的幼苗，以备淡化标粗过程中死亡损耗，故此每平方米网箱投放 2～2.5 厘米的海鲈幼苗 500～600 尾。

**4. 淡化培育管理** 海鲈幼苗在网箱淡化培育与池塘的淡化培育过程大致相同。不同的是幼苗投放到网箱摄食不到池塘的水蚤，在开始的一周要投喂人工捕捞的水蚤或红丝虫，以后才改喂鱼浆拌和鳗鱼饲料和专用鱼苗配合饲料。投放的幼苗经两周培育后最大的可长至 4 厘米，此时开始将不同规格的鱼苗分隔在不同的网箱标粗，经过 3 次分筛达到 8 厘米以上的大规格鱼种可直接选入池塘养殖。鱼苗经过50～60 天培育后体长至 8 厘米以上，这时可拆除网箱，完成淡化培育过程，进入成鱼养殖。

**（三）日常管理**

主要的投喂管理措施如下：

**1. 投饵类型** 驯化培育前期3～7 天，主要投喂鲜杂鱼糜，每次投喂前先投喂少量枝角类进行诱食；一周后主要投喂鲜杂鱼糜和配合饲料，并逐步加大配合饲料的比例；2 周后可完全投喂配合饲料。

**2. 定时、定点驯食** 将枝角类、鲜杂鱼糜或配合饲料按少量多次、逐步减少投饵次数和投饵点数量的原则进行驯食。经 1～2 周驯食后，每天可定点投喂配合饲料 2～3 次。

**3. 日投饵量** 投喂鲜活动物性饲料时，日投饵量占鱼体重的 10％～15％；配合饲料的日投饵量占鱼体重的

8%～10%。

**4. 水质管理**　及时添加新水，保持水体透明度为 30～40 厘米。

**5. 分级过筛**　培育阶段通常需要进行 3～5 次分级过筛，每隔 8～15 天将全长 5～8 厘米的鱼种筛选出，进行成鱼养殖。

# 第三节　成鱼饲养管理

## 一、饲料投喂管理

在养殖生产过程中，做好饲料投喂是关键工作。投饲得好坏，不仅关系到海鲈是否正常生长，还影响到养殖水质好坏，直接影响海鲈养殖的效益。

### （一）饲料投喂管理要点

投饲管理比较复杂，科学投喂关键要做到"四定"。

**1. 定质**　目前，在市场上多是海水鱼类通用饲料，少有海鲈专用配合饲料，因此建议选择信誉好、实力强的饲料企业，要求投喂的饲料必须营养全面、大小适中，严禁投喂腐败变质的饲料。

**2. 定位**　经过 1～2 周的定点驯化，海鲈习惯在池塘的固定水域中寻食饲料。因此，应固定投喂点，最好在投喂点搭建投喂台，如此可减少饲料浪费，提高饲料利用效率，以及降低残饵对池底的污染。

**3. 定时**　海鲈有畏光习性，投喂饲料应在每天的清晨和傍晚阳光不强烈时定时投喂。

**4. 定量**　即根据海鲈的个体大小和数量，以及水环境条件和鱼的健康状况，科学、合理地确定每日的投喂量。海鲈每日的投喂量一般为体重的 3%～5%。投喂量与水质、水温、鲈鱼本身的生长都有较大关系，养殖期间应及时调整投喂量。鲈鱼的食量与水温有密切关系，摄食适宜水温为 20～30℃；水温上升至 32℃ 以上时，海鲈摄食量明显下降；水温下降至 13～15℃ 时，海鲈有一定的摄食能力；水温降至 10℃ 左右，很少摄食；水温 7℃ 时，基本停止摄食。因此，在实际操作中，应及时根据鱼的摄食情况酌情适量增减。如水温低于 15℃ 或高于 30℃ 以及大风、阴雨天气应相应减少投喂次数和投喂量。

## (二) 饲料投喂管理要注意的问题

投喂饲料，不能忽视以下几个问题：

**1. 驯化要耐心**　鱼苗转池时，由于生活环境的改变，鱼苗对新环境不能很快适应，表现为不集群摄食，这时需要进行耐心驯化，不能着急而全池投饵。通常在选定的投饵区每天定点、定时适量投饵，每次投饵前先敲击投饵盘作为信号刺激，一般持续 7～10 天可恢复定点、定时摄食习性。

**2. 投喂要适量**　投喂量一般控制七分饱为好，即每次投喂量约为体重的 2% 左右。对于要赶头批鱼（8～9 月份）上市的，要适当降低养殖密度，并为海鲈养殖提供优良水质，而不是提高投饵强度。投喂过饱，不仅影响海鲈的消化吸收，还会加重养殖水体的自身污染，容易诱发病害。若发现投饵时鱼种反应迟钝、抢食不积极，可能是由于水质恶化、溶解氧偏低、鱼病暴发等因素引起，应及时分析原因，采取相应解决措施。

**3. 停料时间不能过长**　在养殖生产中，当海鲈长至每尾 50～100 克，通过减少投喂次数和投喂量，可降低海鲈的生长速度，推迟海鲈的上市时间，错开海鲈上市高峰，如此一般可以提高养殖产量和效益（因海鲈规格为每尾 550～650 克时市场价格最高，过大或者过小都会导致价格降低）。但并不是盲目地长时间不投饲料，而是适量停料。视海鲈的生长情况，一般是每隔一天投喂一次，高温期可以每隔两天投喂一次，每次投喂量控制在六七分饱，即每次投喂量低于鱼体重的 2%。过长时间不投喂，会造成鱼营养不良，体质减弱，抗病能力差，容易导致病害发生。

**（三）饲料选择**

喂养海鲈的饲料有小杂鱼和人工颗粒饲料，分别介绍如下：

**1. 小杂鱼饲料**　喂养海鲈的小杂鱼多是来自海洋捕捞的横泽（小沙丁）、池鱼（蓝圆鲹）和牙带（带鱼）等，投喂时视海鲈个体的大小将小杂鱼剁碎至适当规格，以适口为好，鱼块过大吃不下去，鱼块过碎容易溶散于水造成浪费。小杂鱼的日投喂量约为海鲈存塘重量的 5%～7%，养殖前期分为早、晚两餐，养殖后期只投喂一餐，养殖全过程的饲料系数约为 7。由于动物性蛋白营养高、转换容易，海鲈的生长速度比投喂其他饲料快，肉质也比投喂其他饲料好，这是用小杂鱼喂养海鲈的优势。但是小杂鱼容易败坏水质，海鲈消化性肠胃病多，并且随着海洋渔业资源逐年减少，小杂鱼来源短缺，价格不断上涨，养殖成本高，难以用于大面积养殖海鲈，故此近些年已逐渐改用人工颗粒饲料。然而在小杂鱼来源方便的海区，适当地投喂一些小杂鱼有利于提高海鲈的产量和改善海鲈的品质。

**2. 人工颗粒饲料** 随着海鲈养殖的推广和养殖面积的增加，专用的海鲈养殖人工颗粒饲料已经普及使用，其主要成分为玉米、糠麸、鱼粉和维生素等，呈浮水性，水中稳定性好，不易溶散污染水质，诱食性和适口性较好，营养均衡，消化利用率高，其中动物性蛋白质含量在 35% 以上，并且根据海鲈不同的生长阶段制成不同大小的颗粒。使用人工颗粒饲料喂养海鲈有饲料来源可靠、运输储存方便、投喂方法简单和容易大面积推广等优点，目前大多数养殖者已经使用颗粒饲料代替小杂鱼养殖海鲈。喂养方法是根据海鲈生长不同阶段选择不同大小的颗粒饲料，养殖前期每天早、晚各投喂 1 餐、养殖后期每天下午投喂 1 餐即可，日投喂量为存塘鱼重量的 2%~3%。投喂时要定时、定点、定量用人工或投饲机直接撒到池塘。要注意观察鱼的进食状况，根据天气和鱼群的食欲变化适当增加或减少投喂量，以 1 小时内吃完为宜，发现抢食程度减弱即可停止投喂，投喂过饱或明显不足都不利于养殖海鲈的生长。

海鲈的摄食量大，在适宜范围内投喂量多则长速快、产量高，养殖者常常根据存塘成鱼的大小和个人对最佳上市时间的判断在养殖后期通过控制投喂量来控制海鲈的生长速度，以期取得最佳的养殖经济效益。因此，海鲈养成经济商品鱼的饲料系数为 1.2~1.5（表 4-1）。

**表 4-1　海鲈人工颗粒饲料的适用阶段和日投喂量参考表**

| 饲料品种 | 适用阶段 | 投喂量（按体重的百分比） |
|---|---|---|
| 稚鲈 1 号 | 体长 5～10 厘米 | 8％ |
| 幼鲈 2 号 | 体长 10～16 厘米 | 7％ |
| 小鲈 3 号 | 体长 16～22 厘米 | 6％ |
| 中鲈 4 号 | 体长 22～30 厘米 | 5％ |
| 大鲈 5 号 | 体长 30～38 厘米 | 3％ |
| 大鲈 6 号 | 体长 38 厘米以上 | 2％ |
| 大鲈 7 号 | 体长 38 厘米以上 | 2％ |
| 大鲈 8 号 | 体长 38 厘米以上 | 2％ |

## 二、水质调控和管理

海鲈养殖对水质要求较高，通常要求 pH 为 7.5～8.5，溶解氧含量在每千克水体 5 毫克以上、氨氮含量低于每千克水体 0.7 毫克。水质调控管理是海鲈池塘高效养殖的核心工作，水质管理水平的高低，关系到海鲈养殖的成败。因此，必须做好水质调控和管理工作。

### （一）水质标准

**1. 盐度**　海鲈属于广盐性海洋鱼类，在自然界虽然可溯流进入内河淡水中觅食，但是不能长期在纯淡水中生活，在水质盐度不适应时迅速退出内河，故大多数时候生活在河口沿海水域。养殖生产中，鱼苗经过人工淡化可以在盐度接近 0 的淡水中生长，但是持续降雨导致养殖水体盐度长时间为 0 时容易发病死亡。因此，海鲈的养殖水体盐度至少保持在 1 以上。由于养殖水体盐度低导致渗透压降低，海鲈的生长速度在盐度 15 以下的咸淡水中比在高盐度海水中快大约 1/3，故此养殖水质长期为淡水固然容易死亡，但水质盐度过高也会放缓生长速度。

**2. 溶解氧**　海鲈的耐低氧能力较差，其溶解氧窒息点约为每千克水体 2 毫克，人工养殖海鲈的溶解氧要求在每千克水体 4 毫克以上。在实际生产中，由于集约化高密度养殖，水体投入物较多，养殖水体容易缺氧，故此需要安装增氧机，保证养殖水体有足够的溶解氧。

**3. 酸碱度**　海鲈生长水体的 pH 在 6.5～8.5，养殖要求最佳 pH 在 7～8。当 pH 过低为偏酸性水质，海鲈代谢降低、摄食减少、体质下降，抗病能力减弱，生长受到抑制；当 pH 过高为偏碱性水质，会腐蚀海鲈的鳃组织，影响呼吸，导致死亡。pH 还通过影响水中有毒物质的变化影响海鲈的生长，如 pH 升高，水中非离子态氨浓度增大，毒性增强；pH 下降，硫化物容易电解转化为有毒的硫化氢分子，含有重金属的铬化物或沉淀物也相应分解或溶解，使游离态重金属离子浓度增大，水中毒性增强。

**4. 肥度**　养殖海鲈的水色为草绿色或黄绿色，水色透明度在 30 厘米左右为宜。人工养殖海鲈由于密度高，投饲量大，残饵和鱼的粪便容易分解产生氨氮，不仅耗去大量的氧，氨氮还进一步氧化产生亚硝酸盐，对海鲈有较大的毒性，影响海鲈食欲和降低抗病能力而导致死亡。故此，养殖水体中的氨氮控制在每立方米水体 0.5 克以下，亚硝酸盐控制在每立方米水体 0.05 克以下（图 4-8）。

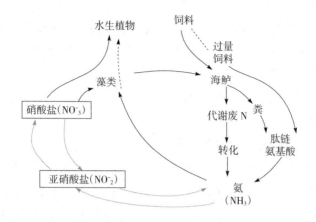

图 4-8 池水中氮的循环

## （二）水质日常的监测和调控

鱼苗放养以后，随着鱼的生长，饲料投喂量增加，养殖水体负荷增大，水中的粪便、残饵等有机物以及其产生的氨氮、硫化氢等有害物质逐渐增多，浮游生物的数量也呈指数性上升，池塘自身污染严重，如果不及时调控水质，很容易引起水质败坏，出现缺氧"浮头"，甚至造成大量死鱼的现象。因此，在养鱼过程中，坚持早晚巡视，观察塘中水色变化和鱼群的摄食、活动情况。正常情况下从水面很难见到海鲈活动情况，如果发现鱼在水表层缓慢游动，可能是发病或缺氧的先兆。在高温季节，或者天气闷热、无风、阴雨天气，都要特别注意水质的变化，及时认真做好水质调控和管理工作。

水质日常的主要监测和调控工作措施如下：

**1. 换水** 养殖前期主要是不定期地添加新水，中后期特别在高温季节，通常每15～20天换水一次，换水量10～

20厘米水深。

**2. 消毒**　换水后主要采用漂白粉消毒，1米水深亩用量为2.5～5千克；2天后施入芽孢杆菌等有益微生物。

**3. 加强增氧**　养殖过程中特别在养殖中后期以及在恶劣天气时应加强机械增氧，每亩水面须配备功率1.5千瓦的增氧机一台。

养殖池塘要有充足的溶解氧。与养殖四大家鱼相比，养殖海鲈的池塘水体除了须有一定的盐度，还要有较高的溶解氧。因为水体溶解氧低至造成四大家鱼缺氧浮头时，这种溶解氧水平下海鲈大多已死亡，因此海鲈养殖要进行严格的人工机械增氧。增氧机通常采用搅拌式，由于是高密度养殖，每公顷池塘水面要安装12～15台功率为1.5千瓦的增氧机，其中1/3为水车式增氧机，安装在池塘的四周，搅动水体在池塘旋转流动；2/3为叶轮式增氧机，均匀地布设在池塘中央，让水层上下交换，为池塘水体拌入更多的溶解氧。增氧机要经常开动，尤其是在气压低的阴雨天和养殖后期鱼群密集时，要全天24小时开动增氧机。此外，减少有机物质的分解耗氧和培养池塘水体中绿色浮游植物，也是增加池塘溶解氧的有效方法。

**4. 水质因子的检测**　水体透明度是反映水体浮游动、植物动态关系是否平衡的主要依据，氨氮和亚硝酸盐是养殖水体中最常见的两种有害物质，因此选择透明度、氨氮、亚硝酸盐等作为水质的主要监测指标，而应对温度、pH、溶解氧、总碱度等其他水质因子进行不定期的检测并做好记录，发现水质因子异常时，结合肉眼观测到的水质状况以及鱼的摄食情况，及时采取加强机械增氧、控制投喂和调节水质的综合手段进行科学处理，避免鱼类病害的发生。

**5. 控制水体的肥度** 池塘高产养殖海鲈由于密度高、投喂量大，尤其在养殖后期和高温季节，水质容易变差。亚硝酸盐等有害物质增多，海鲈食量减少，严重时甚至鳃丝充血导致缺氧死亡。为此，要经常更换新鲜水源将水质的透明度控制在 30 厘米左右、氨氮在每立方米水体 0.5 克以下、亚硝酸盐在每立方米水体 0.05 克以下。海鲈只能摄食悬浮性饲料，当多余的饲料下沉在池塘底时就吃不到，加上排泄的粪便，池塘底有机质多，可以每亩投放 100～200 尾鲫鱼摄食池塘底的残饵和有机碎屑，清洁塘底；还可以每亩池塘水面投放 10～20 尾花鲢，清理水面过多的浮游生物。此外，每隔 15～20 天施放一次有益菌，对加速分解水中的有害物质，保持水质平衡也有很大的帮助。

**6. 保持池塘水体盐度** 鱼苗经过 2 个月养殖后，池塘水深应逐渐增加至 2 米以上，养殖水体盐度也渐渐接近 0，这时海鲈已适应池塘养殖环境，通常不致死亡。但是长时间暴雨、池塘水体盐度长期处于 0 的状态，会影响海鲈的生长，因此应将水质盐度至少调节到 1 以上，方法是加入高盐度海水或地下水。在沿海地区通常有地下咸水，可以采用打井抽咸的方法抽取地下海水，但是要注意地下海水的氨氮和重金属等有害物质含量是否超标，如含量过高要经过储水池的曝晒、充气和净化沉淀等处理才能进入养殖池塘。

**7. 引入生态调控鱼类** 在海鲈养殖中引入生态调控鱼类（主要为滤食性鱼类和杂食性鱼类）能有效地优化养殖环

境，有利于提高海鲈的成活率和生长速度，减少病害的发生，提高池塘养殖容量。建议在放养海鲈鱼苗时，每放养 1 万尾海鲈苗配套放入全长 7～8 厘米滤食性鱼类鳙 60～90 尾和全长 5～6 厘米杂食性鱼类鲫鱼或黄颡鱼 200～300 尾，作为生态调控鱼。实践表明，用生态调控手段有助于解决鲈鱼池塘高负荷养殖生产带来的水体高度污染等问题，优化养殖环境，达到降低养殖风险、保障高产养殖生产安全、提高养殖综合效益的目的。

### 三、鱼病防治管理

在高温季节或鱼病的高发期，除要保持良好的水质外，还应注意观察鱼的摄食情况和生长状况，并定期进行消毒，预防病害的发生。要及时清除残饵、垃圾以及池边和池内的杂草等。密切关注是否有鱼病发生，一旦在巡池中发现病鱼，要立即查出病因，及时治疗。海鲈常见病害及防治方法见第 5 章。

### 四、定期做好检查记录

在养殖生产中，要定期检查鱼的生长情况，并作记录，包括鱼的体长、体重和水的温度、盐度变化等。同时对于鱼的放苗量、投饵量、鱼病的防治、产量、产值、效益等情况均要做好记录，以便总结经验，为今后制订增产措施提供依据。

### 五、养成收获

海鲈生长速度较快，通常养殖 8～10 个月，个体平均体重达 500 克以上，采取人工拉网收鱼的方法，一次性捕捞上市，也可以捕大留小统级上市，剩余的继续养殖，2～3 次捕捞完毕。

## 六、分级养殖模式

分级养殖模式是能够有效提高海鲈养殖经济效益的科学养殖方式。白蕉镇东围村梁先生就是鲜活的例子，2012 年在众多海鲈养殖户都亏损的情形下，梁先生 3 口鱼塘（20 000 米² 水面）却能获利超过 35 万元。现将该养殖模式的操作实例介绍如下。

### （一）分级养殖模式流程

**1. 选择优质鱼苗** 养殖池塘进行彻底的清塘消毒后，选择已在种苗场盐度淡化至与养殖水源一致的海鲈鱼苗，海鲈鱼苗的体长为 5 厘米，养殖池塘的初始水深为 1.2 米，养殖池塘的面积大小为 3 000～6 500 米²。

**2. 分割分级养殖区** 养殖池塘按 2∶3∶5 的面积比例，用埋网的方式分割出三个分级养殖区间。

**3. 放苗密度** 海鲈放养总量按养殖池塘全池大小为准，密度为每平方米水面 15 尾，集中在第一级养殖区内放苗。第一级养殖区中心配备一台 1.5 千瓦的增氧机，第一级养殖区围网外侧 4 米处再配备一台 1.5 千瓦的增氧机，以利于围网内外的水体交换。白天只开放养区间内的增氧机增氧，夜晚时，补加开放养区间外的增氧机增氧，促进养殖区域放养区间与放养区间外水的流动。

**4. 生态控制** 海鲈鱼苗放苗后，按以下配比混养其他鱼种：黄颡鱼每公顷放养 150 尾，鳙每公顷放养 300 尾，白鲫每公顷放养 900 尾。混养的生态控制鱼类放养在第三级围网中。

**5. 投喂** 海鲈苗种放养后，开始先投喂枝角类和鱼糜混合物，逐渐减少枝角类配比至全鱼糜，过程时间约为 7 天。投喂鱼糜持续 7 天后，开始每日按 10%～15% 比例将鱼糜逐渐完全替换成海水鱼高级配合饲料稚鱼 0 号料。投料过程中，饵料投喂方式为定点投喂，先缓慢投喂，待鱼群增加后，加快投喂速度，鱼群开始减少后，又减慢投喂速度，待八成鱼群离开后，停止投喂见图 4-9。放养前期第一个月中投喂时间为 1～1.5 小时，一个月后缓慢减小至半小时左右，投喂次数为早、晚两餐，时间以日出和日落阳光不强烈时为宜。

A

B

图 4 - 9 驯 食

A. 投喂鱼糜 B. 搅拌饲料与鱼糜

**6. 分级放养** 海鲈鱼苗放养后 7 天，拆开第一和第二分级养殖区间的围网，同时在合并后的养殖区间内增加一台 1.5 千瓦增氧机，即合并后的养殖区间内放置 2 台增氧机，放养区间围网外 4 米处仍为 1 台增氧机。白天开放养区间内的 2 台增氧机增氧，夜晚补加开放养区间外的增氧机增氧。海鲈鱼苗放养 20 天左右，拖网集中海鲈，观察海鲈大小规格分化；若规格大小比较统一，持续在区间内养殖 10 天后，中心分隔围网，将三级养殖区间合并，开始全池养殖。移动增氧机位置，均匀分布在池塘中，早、晚同时开两台增氧机。若规格大小不一，分化比较严重，将海鲈按大小两种规格分筛（图 4 - 10），将大规格的海鲈移至第三级养殖区间喂养，小规格的海鲈仍保留于原区间内，第三级养殖区间内采用 1 台增氧机，直至大小两区间内海鲈体长皆长到 10 厘米以后，拆开围网全池养殖，移动增氧机位置均匀分布在池塘中，早、晚同时开两台增氧机。如果池塘数量较多，可在海鲈准备放养至第三级养殖区时，统一协调不同池塘间相同规格鱼苗进行移塘合并养殖，即将不同规格的海鲈集中于不同的池塘进行养殖，这有利于提高成活率并方便日后的管理操作。

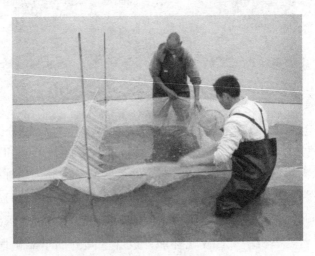

图 4-10 筛 鱼

**7. 及时增加增氧机** 随着海鲈规格不断增长，养殖中后期按全池海鲈总重量，合理安排增氧机数量，以每 1 500 千克海鲈配置一台增氧机为参考配置，同时随时保持 1～2 台的备用增氧机。

**8. 换水** 养殖前期，在河道水源落潮时，池塘排掉底部水 10 厘米，河道水源涨潮及纳入新水时，抽取新鲜水至鱼塘到原水位；养殖中后期，每天换水 10%，逐步加高水位至 2 米，水源与池塘水盐度差异不宜超过 1 度。

**9. 水质控制**　养殖期间 pH 控制在 7.6～8.8，日变化量不宜超过 0.6，亚硝酸盐在养殖前期控制在每千克水体 0.05 毫克以下，中后期控制在每千克水体 0.3 毫克以下。

**10. 上市**　经过 9 个月的时间，海鲈达到每尾 550～650 克时为最佳上市规格，即可捕捞上市。

**（二）分级养殖模式实例**

**1. 鱼苗放养时间的选择**　为了能赶上头批鱼上市（一般是每年的 9 月初），梁先生每年尽可能选择放养头批鱼苗，一般在每年的 12 月放养鱼苗。如 2011 年 12 月 15 日梁先生放养海鲈鱼苗 35 万尾。

**2. 鱼苗的标出和分级养殖**　梁先生准备了 3 口池塘，面积都为 10 亩。先将 35 万鱼苗集中在一口鱼塘（设为 S 塘）中驯化标出，养至 2012 年 1 月 30 日，即标出 45 天开始第一次筛分大小，分出大规格鱼苗约 5.3 万尾搬至作为赶头批鱼上市的池塘（设为 L 塘）中进行养殖。标粗鱼塘再经 60 多天的养殖即到 2012 年 4 月 5 日进行第二次筛分大小，分出大规格鱼苗约 7 万尾搬至另一口鱼塘（设为 M 塘）中养殖。剩余规格较小的鱼苗约 10 万尾在标粗原塘即 S 塘进行养殖。标粗成活率约 63.7%。

**3. 饲料的投喂和管理**　为了加快 L 塘海鲈的生长速度，整个养殖过程每天投喂配合饲料 2 餐，且每次投喂量较足，通常达到海鲈摄食量的 80%～85%；M 塘每天投喂配合饲料 1～2 餐，且每次投喂量相对较低，通常达到海鲈摄食量的 70%；S 塘海鲈生长到每尾体重 100～150 克后每隔 1～2 天投喂配合饲料 1 餐，且每次投喂量相对较低，通常达到海鲈摄食量的 70%。

**4. 上市时间的选择**　由于采取较低养殖密度和较足的投喂，L 塘海鲈养至 9 月初，平均规格已达上市规格，正赶上农历的中秋节前后，商品鱼价格一般较高，便可收获。M 塘养殖密度较大，投喂量适中，因此养殖至 2012 年 12 月 29 日才上市；而 S 塘由于养殖密度过大，且投喂量不足，到 2012 年 12 月底，平均规格仅每尾体重 300～350 克，估计养至 2013 年 4 月平均规格可达每尾 700 克以上。

**5. 2012 年养殖结果**　2012 年 4 月 6～8 日，一口鱼塘（2011 年 12 月份标粗原塘）出海鲈共计 78.33 吨，平均每公顷产量 117.48 吨，销售价格为每 500 克 9.2 元，纯利 23.4 万元；2012 年 9 月 15～16 日 L 塘卖得海鲈共计 32.9 吨，平均每公顷产量 49.35 吨，销售价格为每 500 克 9.1 元，纯利 15.1 万元；2012 年 12 月 29～31 日 S 塘卖得海鲈共计 50.75 吨，平均每公顷产量 76.13 吨，销售价格为每 500 克 6.9 元，亏本 3.3 万元。一年共获得纯利润 35.2 元。

**6. 分级养殖的优势分析**　近来，海鲈等多种水产品出现价低、滞销问题，原因诸多，如养殖量增加过快，供大于求；国内外经济环境较差，消费疲弱；渔业产业化发展相对缓慢，特别是水产品加工流通业存在产品单一且多为粗加工水产品，精加工缺失，流通渠道不通畅，销售市场过于集中，流通业体系发展还不够完善等。然而，作为普通养殖户很难逃避或解决这些问题，唯有从养殖模式上探索。由于海鲈产苗周期较短（通常集中在 12 月中旬到翌年 2 月）因此放苗时间相对集中，导致商品鱼过分集中上市，从而容易形成供过于求的局面，鱼价低落。而梁先生等一些养殖户采用分级养殖，区别管理，错开上市的模式，一定程度上回避了市场风险，自然取得较好的经济效益。

## 第四节 提高海鲈品质和经济效益的咸化养殖技术

### 一、海鲈咸化养殖技术的产生

海鲈是广盐性海水鱼类，亲鱼在盐度 25 以上的海水产卵孵化，幼鱼在近海和河口水域长大，经过淡化的海鲈苗，可在沿海地区盐度接近 0 的淡水池塘生长。由于渗透压低，在淡水生长的海鲈的长速比在高盐度海水中快 1/3，投苗一周年可长成每尾 1 千克以上规格的商品鱼，每亩池塘的养殖产量高达 5 吨以上。但是淡水池塘养殖的海鲈肉质疏松和带有泥腐味，与在自然海域生长的海鲈有很大的差别，因此每千克价格相差 3 倍以上。此外，淡水池塘养殖的海鲈活鱼运输成活率也大大低于高盐海水生长的海鲈。

由于淡水池塘人工养殖的海鲈肉质欠佳、活鱼运输成活率较低等原因，产品主要以冰冻鱼形式出售，难以获得更高的经济效益。如何提高海鲈的经济价值、拓展市场销路以及保证农民生产收入成为该行业的重要问题。为了改变这一现状，人们在生产中摸索出一种可以提高海鲈品质和经济效益的咸化养殖方法：首先利用淡水池塘能快速生长、高产稳产的优势，投放淡化鱼苗养成大鱼，然后在上市前将成品鱼转移到高盐度的海水中再养殖 20～30 天，使海鲈的肉质变得结实、泥腐味减少，品质接近天然生长的海鲈。海鲈的后期咸化养殖改善了海鲈的品质，每千克售价提高 1 倍以上，增加了产品的价值；经过咸化养殖的海鲈，鱼体瘦身结实，有利于活鱼长途运输，改变了销售冰冻鱼的单一方式，斗门的鲜活海鲈可以运销至珠江三角洲大中城市和国内更远的地区，有效地开拓了市场。

## 二、咸化养殖技术方法

海鲈的后期咸化养殖可以分别在池塘、小水池、海上网箱和专用流水鱼池中进行，效果较好的是使用海上网箱和流水鱼池的咸化养殖。

### (一) 海上网箱咸化养殖海鲈

海上设置网箱咸化养殖海鲈在每年的 10 月至翌年 3 月期间进行，此时台风季节已过，并且进入了内河枯水期，河口海湾的流速变慢、盐度稳定，池塘养殖的海鲈也已经长成商品鱼，开始收获上市（图 4 - 11）。

**1. 地点选择** 海上网箱咸化养殖海鲈的地点应选择近海的河口海湾，距离养殖海鲈的池塘不远，有河道和陆路通达，方便运输。受内陆淡水影响小，流速慢，无污染，不妨碍船只航行。要有 5 米以上的水深，离岸的水质盐度有 5～25 的阶梯变化，方便从淡水池塘移来的海鲈逐渐适应咸化养殖。

**2. 网箱规格设置** 每口网箱面积 20～40 米$^2$、深 2～3

图 4-11　海上网箱养殖

米，用浮桶和锚具固定，并可以较容易地拔锚移动位置，方便调节水体盐度。

**3. 活鱼搬运**　活鱼搬运前 24 小时先捕起圈养在池塘中锻炼，在天气晴朗的日子用活水渔船搬运至海上网箱中去。在活鱼装卸搬运过程中尽量减少鱼体的损伤，对有明显损伤的要及时挑出，以免影响网箱养殖效果。

**4. 养殖方法**

**（1）放养密度**　每平方米网箱放养每尾体重 0.75～1 千克规格的活鱼 10～20 千克。

**（2）咸化**　开始时网箱设在河口岸边盐度约为 5 的水面，以后每隔 3～5 天向离岸较高盐度的海中移动一次，水体盐度梯度变化约为 5，最后的一周水体盐度在 25 以上，4周后就可回收产品。

（3）**投喂** 咸化养殖期间投喂小杂鱼或浮水性颗粒饲料，每天投喂 1 餐。日投喂量：小杂鱼饲料为鱼体重量的5%、颗粒饲料为鱼体重量的 3%。海鲈移至海上网箱养殖，经历了从淡水到海水、从静水到流水、从池塘到大水体的环境改变，不但水体盐度渗透压增加，海鲈的游动也得到加强，使鱼体肉质结实、池塘的泥腐味减少或者消失，而海鲈的体重一般不会增加，甚至略有减少，只是品质变好了。

（4）**技术特点** 海上网箱咸化养殖海鲈最大的优点是节省了海水的运输成本和方便盐度的调节，但是容易遭受风浪侵袭、河流淡水的冲扰和养殖管理不方便，并受限于季节不能一年四季生产。

**（二）流水鱼池咸化养殖海鲈**

针对海上设置网箱咸化养殖海鲈受风浪影响等缺点，人们在岸上建筑流水池咸化养殖海鲈，这样虽然要从海中运取海水，但安全操作性强，一年四季都可以生产。

**1. 地点选择** 咸化养殖海鲈的鱼池应建在运取海水容易的地方，同时也应兼顾与海鲈养成的池塘距离较近，缩短运输活鱼的时间。此外，交通道路和电源方便，最好是有河道运输条件，方便活水渔船将活鱼运到咸化池。

**2. 鱼池平面图** 咸化养殖池平面图见图 4-12。

（1）**流水咸化养殖池构造** 砖砌水泥结构，能有效地去除鱼体的泥腐味。水泥池每口面积 0.8 公顷（60 米×133 米），池深 2.3 米。池内用水泥砖墙分隔为 6 口小池，每口 0.13 公顷（60 米×22 米），长方形。小池对角边分别开有 1.5 米宽的进、出水口，用网片拦隔。

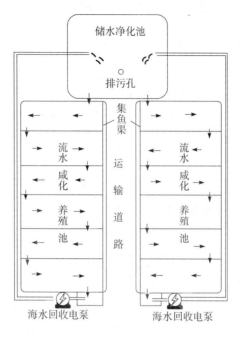

图 4 - 12　流水咸化养殖池设计平面图

整口大池成为一条曲折的流水水道，水流经末级小池后，经滤网过滤，用电泵抽回储水净化池。水流能增加溶解氧和产品放养密度，并可起到增加海鲈游动锻炼和结实肉质的效果。为了保证有充足的溶解氧，小池的池底还要安装数行气管，用空气压缩机进行池底增氧。

**（2）储水净化池构造**　方形、圆角，面积 0.4 公顷（63 米×63 米），水深 1.5 米，池底比流水咸化养殖池高出 1 米，形成水位差。池中央开有排污孔，用水车增氧机旋转水流形成中央集污，定期排污。储水净化池的作用是储放海水和收集用过的养殖池水，净化循环使用，节省海水运输成本。

**（3）集鱼渠和运输道路** 为了方便收获产品，在两口流水咸化养殖池的中间铺设一条宽 5 米以上的运输道路，道路与流水咸化养殖池之间分别开有一条宽 1.5 米、深与流水咸化养殖池一致的集鱼渠，集鱼渠与各口小池之间开有 2 米的闸门，养殖期间关闭闸门，收捕产品时打开闸门让鱼群进入集鱼渠。

**3. 咸化养殖方法**

**（1）海水准备** 从海上装运盐度 25 以上的海水储放在储水净化池，经过消毒后流入咸化养殖池，水深 1.8 米，并调节到开始时的适用盐度，为海鲈咸化养殖做好准备。

**（2）投放密度** 在淡水池塘养成的海鲈中选择尾重 0.75～1.5 千克的健康成品，用活水渔船或水车运至咸化养殖池，每 1 公顷水面投放 45 000～60 000 千克（每口小池投放 6 000～8 000 千克），由于养殖水体盐度提高，有一定消毒鱼体的效果。

**（3）咸化养殖管理** 为了让海鲈有个适应过程，开始放养时池水盐度控制在 5～8 度，一周后盐度调至 10，二周后调节至 15～20，三周后调节至 25。全天开动循环水泵，保持养殖水体流动。全天开动空气压缩机进行池底管道打气，保持有充足的溶解氧。每天下午投喂一次海鲈颗粒饲料（日投喂系数 3%），也可以投喂小杂鱼（日投喂系数 5%）。储水净化池视水体集污情况经常排污，每隔十天施放一次有益菌降解过多的氨氮，进一步净化水质。

（4）**产品捕捞上市**　咸化养殖25天后，海鲈的泥腐味基本去除，在流动的高盐海水中游动锻炼变得瘦身、肉质结实，鱼体重量比原来略减，此时可收获上市。收捕时停止流水，打开池塘与集鱼渠之间的闸门，用拉网驱赶鱼群进入集鱼渠，工人在运输道路上用手抄网捞起海鲈放入活鱼水箱则可。

## 三、咸化养殖经济效益分析

海鲈经过后期的咸化养殖，品质得到很大的改善，市场价格通常提高了一倍。现以流水咸化鱼池养殖海鲈为例进行经济效益分析，其经济效益按照2012年的市场价格计算。

一组流水咸化养殖池，包括1.6公顷咸化养殖池和0.4公顷储水净化池，每个生产周期为45天（养殖约25天，销售和准备工作约20天），一年可养殖6～8个周期。现进行一个生产周期的投入产出分析。

**（一）成本**

**1. 总成本**　196.91万元。

**2. 成本细分**

（1）**入池活鱼**　18元/千克×45 000千克/公顷×1.6公顷＝129.6万元。

（2）**土地租金**　一组流水养殖池用地面积2.3公顷，每公顷年租金4.5万元，每年生产6个周期计算，则每个养殖周期的租金为：4.5万元/公顷×2.3公顷÷6＝1.73万元。

（3）**设施分摊资金**　建设一组流水养殖池和配套设施投资280万元，设使用期为6年，每年生产了6个周期，折算每个养殖周期的分摊资金为：280 万元÷6 年÷6 个周期/年＝7.78 万元。

**（4）投喂颗粒饲料** 0.7 万元/吨×（1.6 公顷×45 吨/公顷×0.03/天×25 天）吨＝37.8 万元。

**（5）电费** 7 万元。

**（6）消毒药物和净化细菌** 1 万元。

**（7）人工** 5 000 元/人×12 人＝6 万元。

**（8）海水运输和工具维修** 6 万元。

## （二）产出

**1. 产量** 45 000 千克/公顷×1.6 公顷×95％（设养殖瘦身损耗为 5％）＝68 400 千克。

**2. 产值** 36 元/千克×68 400 千克＝246.24 万元。

## （三）经济效益

**1. 单个养殖周期利润** 246.24 万元－196.91 万元＝49.33 万元。

**2. 全年经济效益** 每组流水养殖池一年如果养殖 6 个周期，经济收益可达：49.78 万元×6＝295.98 万元，一年可收回养殖池建设投资。

# 第五章　海鲈的病害与防治

## 第一节　育苗期间常见病虫害的防治

### 一、防治理念

要树立预防为主，治疗为辅的防治理念，尽量将育苗的环境条件做到最好，为鱼苗创造一个优良的生长环境。在育苗环境条件良好的情况下，即使少量鱼苗出现问题，整体的育苗效果一般不会太差。因为鱼苗个体小，抵抗力差，用药都要采取柔和轻微的治疗方法，一旦发生大规模病虫害，无论采取何种治疗手段，都会产生一定比例的死亡。尽量提高育苗基础设施条件，提高亲鱼、种苗的质量才是育苗工作顺利的根本保障。

### 二、育苗常见病虫害

在育苗过程中，鱼苗最多发的是以下几种病虫害。

**1. 细菌性肠炎**　易发病阶段：大、小鱼苗均可能出现此病，尤其是育苗全程都在水泥池内，鱼苗出池晚，密度高，后期易发此病；或者刚开始投喂冰鲜鱼糜的鱼苗消化不良也容易导致此病。症状：鱼苗腹部膨大，肛门红肿，消化道内多有淡黄色液体，鱼苗变黑，游动缓慢，活力差。病因：多为饵料腐坏变质，鱼苗摄食后消化不良引起。治疗：首先确保投喂饵料的新鲜，按每千克鱼体重用土霉素0.2克或者烟酸诺氟沙星0.2克拌入饵料中，连续投喂3天，同时用8%溴氯海因按每立方米水体0.1~0.2克全池泼洒，连用2天；或者用肠炎宁等常规药物，按说明用量治疗。

**2. 腹水病** 易发病阶段：水泥池1~1.5厘米鱼苗易发生此病。症状：鱼苗腹部膨大呈半透明空泡状，腹腔内有大量积水，消化道内无食物，鱼苗漂浮在水面，不摄食。病因：细菌性感染，多为饵料生物带入。治疗：饵料生物投喂前进行消毒处理，保持水质清新；治疗方法参考细菌性肠炎。

**3. 红肚病** 易发病阶段：本病多发生于室外土池育苗阶段，鱼苗0.8~1.5厘米。症状：病鱼体色发黑，腹部膨大呈粉红色，肛门拖便较长，游动迟缓。病因：一般认为是细菌性肠胃病。治疗：室外土池肥塘时尽量保证丰富的饵料生物量，天气异常时不要下苗；按每千克饵料拌入土霉素150~200克或用三黄粉3~5毫克；天气异常天气饵料要减量投喂。

**4. 气泡病**

**（1）消化道内气泡** 易发病阶段：多在室内水泥池内发生，鱼苗体长0.9~1.1厘米阶段。症状：鱼苗消化道内有气泡，严重时影响鱼苗平衡，鱼苗腹部朝上浮在水面。病因：鼓气量过大，鱼苗误吞气泡。治疗：病症轻微的鱼苗能自行排出气泡，适当降低水温有利于缓解此症状；调节鼓气量，避免鼓气量过大。

（2）**体表气泡**　易发病阶段：本病多发生在土池育苗阶段。症状：鱼苗体表下出现气泡，严重时影响鱼苗正常活动。病因：土池内藻类繁殖过度，造成水体溶氧过饱和，导致鱼鳃部产生气泡诱发气泡病。治疗：避免土池内藻类过度繁殖；阳光强烈的天气多开增氧机搅水；当发现鱼苗发生此病，立即换水可起到一定的缓解作用。

# 第二节　寄生虫病害

## 一、寄生虫病害概述

主要有车轮虫、斜管虫和聚缩虫，多发生在鱼体重50～150克的生长阶段，害虫寄生长在鱼的鳃丝和体表，导致鱼体消瘦，体色变黑，游动不安，在整个养殖过程持续每隔10～15天施用一次适宜药物才能控制养殖水体。寄生虫病害通常并发有细菌病害，因而出于安全考虑，杀灭寄生虫前，推荐先对养殖水体进行常规消毒（含氯消毒剂、硫酸铜等消毒剂），杀灭细菌，再针对性的灭杀寄生虫。

## 二、常见寄生虫病害

### （一）指环虫

**1. 病原**　菇茎指环虫和逆转指环虫等，隶属于单殖吸虫目、指环虫科。其中菇茎指环虫中等大小，逆转指环虫较大。它们以边缘小钩钩住次级鳃丝毛细血管外单层呼吸上皮，或插入毛细血管内，甚至穿透整个次级鳃丝的结缔组织，有时甚至伸入鳃辐软骨。多寄生于第 2、3 鳃片。菇茎指环虫的感染程度远远低于逆转指环虫，但其造成的损伤程度和范围远远高于后者（图5-1A）。

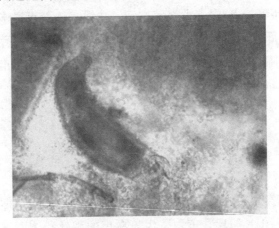

A

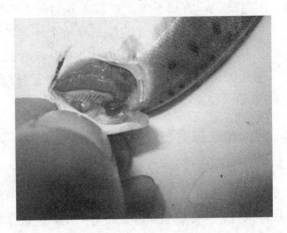

B

图5-1　指环虫

A. 虫体　B. 充满黏液和寄生虫病的海鲈鳃丝

**2. 症状表现**　初感染时，仅局部鳃丝受到损伤，寄生处发生贫血，部分鳃丝血管充血，并伴随轻微的肿胀；严重感染时，鳃丝黏液显著增多（图5-1B），整个鳃丝呈苍白色，鳃部明显肿胀，局部发生溃烂，鳃瓣表面分布着许多由大量虫体密集而成的白色斑点，鳃盖张开。

**3. 流行情况**　流行于春末、夏初，适宜温度20～25℃。

**4. 预防措施**

**（1）全面清塘**　在清塘阶段，每立方米水体用30～50克漂白粉彻底杀灭养殖水体可能存在的病原。

**（2）鱼体消毒**　鱼种放养前，用每千克水体含20毫克的高锰酸钾溶液浸泡鱼种15～20分钟，杀灭鱼体上可能携带的指环虫。需要注意的是，高锰酸钾溶液的强氧化性对鱼鳃部有一定的腐蚀作用，在使用时要严格控制使用浓度和浸泡时间。

**5. 治疗措施**

**（1）硫酸铜和硫酸亚铁合剂**

①用法用量：全池泼洒，每立方米水体泼洒硫酸铜0.5克和硫酸亚铁0.2克，或仅用硫酸铜，每立方米水体泼洒硫酸铜0.7克。第二天换水并继续使用，连续用药3天，可达到较好的治疗效果。

②注意事项：溶解药物时，勿使用金属容器，溶解药物的水温度不得超过60℃，以防药物失效。选择晴朗的上午（鱼不浮头）用药，投药后，应开足增氧，防止藻类死亡消耗氧，影响水质。本药对鱼等水生生物的安全范围较小，毒性较大（尤其对鱼苗）。因此，要谨慎测量池水体积和准确

计算出用药量（水体中的铜离子浓度一般以每千克水体含0.15～0.2毫克为宜）。

③休药期：7天。

**（2）指环清**

①用法用量：用水稀释1 000～3 000倍后全池泼洒。每667立方米水体用本品125～150克，同时每立方米水体辅助添加0.8克的硫酸亚铁效果更佳。

②注意事项：禁止使用金属容器配置溶液，不得与碱性物质同时使用。苗种剂量减半，透明度高于30厘米时剂量酌减。水质肥沃时，视鲈鱼体质情况可加量使用。施药应在晴天上午进行，缺氧、浮头及天气异常时禁用。操作时须佩戴手套，泼洒时要防止药液溅入眼睛。

③休药期：500度日。

**（二）车轮虫**

**1. 病原** 由车轮虫和小车轮虫寄生在鱼鳃或皮肤上引起的一种纤毛虫病（图5-2）。

**2. 症状表现** 虫体以宿主的皮肤和鳃组织作营养来源，组织受刺激分泌过多黏液，严重时使鳃组织溃烂，影响鱼的呼吸和正常活动。病鱼消瘦发黑，游泳缓慢，终至死亡。病死患鱼消瘦，嘴和鳃盖多半张开，眼球大多缺失，半数患鱼鳃叶缺损。

**3. 流行情况** 养殖鱼类各阶段都可发生该病害，对鱼苗影响较大。流行的高峰季节为5～8月份，水温20～28℃。

**4. 防治措施**

**（1）过氧化氢（双氧水）**

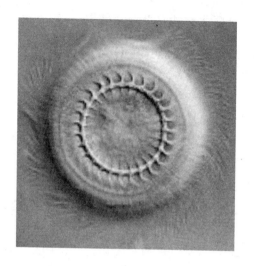

A

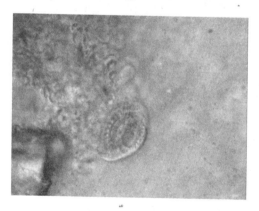

B

图 5-2　车轮虫

A. 虫体　B. 海鲈鳃丝中的车轮虫

①用法与用量：用每千克水体兑 200 毫升双氧水做成消毒液，隔日分 2 次，每次 20 分钟药浴。

②注意事项：本品应避光保存。

③休药期：500 度日。

**（2）硫酸铜和硫酸亚铁合剂**

①用法用量：同指环虫治疗方法。

②注意事项：同指环虫治疗方法。

③休药期：7 天。

**（3）阿维菌素**

①用法用量：全池泼洒 1.8% 的阿维菌素溶液，在淡水养殖池塘，按每立方米水体泼洒 0.08 毫升，严重时可参入苦参碱溶液，用量不变。

②注意事项：本品性质不太稳定，特别对光线敏感，迅速氧化失活，其各种制剂应注意储存使用条件。

③休药期：35 天。

**（三）杯体虫**

**1. 病原** 由杯体虫属的种类所引起，虫体呈杯状，口围有发达的缘膜，大核卵形或三角形，常见的病原有卵形、筒型及变形杯体虫等几种（图 5-3）。

**2. 症状表现** 杯体虫虫体成丛寄生于鱼类的皮肤、鳃，特别是幼鱼，可能会对组织产生压迫作用，妨碍寄主正常呼吸，引起鱼种窒息死亡，病鱼出现游动缓慢，呼吸困难等症状，并且可以明显看到病鱼在水面上作间隙性的打转或跳跃。

**3. 流行情况** 全国各地均有发生，危害多种水产动物种苗。一年四季均可见，以夏季最为普遍。

**4. 预防措施** 注意鱼体的机械性损伤和消毒工作。

**5. 治疗措施** 用硫酸铜和硫酸亚铁合剂进行治疗。

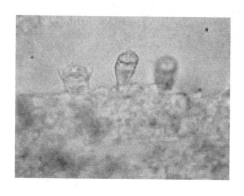

图5-3　杯体虫

① 用法用量：同指环虫治疗方法。

②注意事项：同指环虫治疗方法。

③休药期：7天。

### (四) 斜管虫

**1. 病原**　为斜管虫寄生而引起的。虫体有背、腹之分，背部稍隆起，有一列刚毛。腹面观左边较直，右边稍弯，左侧有9条纤毛，右侧有7条纤毛。腹面中部有一条喇叭状口管。大核近圆形，小核球形，身体左右两边各有一个伸缩泡，一前一后（图5-4）。

　**2. 症状表现**　斜管虫少量寄生时对鱼类危害不大，大量寄生时刺激鱼体体表和鳃分泌

图5-4　斜管虫

大量黏液，体表形成苍白色或淡蓝色的一层黏液层，鳃组织受到严重破坏，病鱼呼吸困难，鱼种、鱼苗阶段尤为严重。产卵池中的亲鱼也会因大量寄生斜管虫而影响生殖机能，甚至死亡。病鱼食欲减退，消瘦发黑。镜检鱼鳃及体表，能见斜管虫病原体。病鱼侧卧岸边或漂浮水面，不久即死亡。

**3. 流行情况**　分布广泛，各地均有发病。主要发生在水温 15℃左右的春、秋季节。当水质恶劣时，冬季和夏季也可发生。3～5 月最易流行。主要危害鱼苗、鱼种，为一种常见的多发病。

**4. 治疗措施**

**（1）硫酸铜和硫酸亚铁合剂**

①用法用量：同指环虫治疗方法。

②注意事项：同指环虫治疗方法。

③休药期：7 天。

**（2）戊二醛溶液**

①用法用量：全池泼洒，剂量为每立方米水体 0.8 毫升全池泼洒，隔日一次，直到完全控制疫情为止。

②注意事项：戊二醛具有挥发性，使用时要佩戴防毒面具，保护使用者的健康安全。戊二醛为强还原剂，会消耗水中溶氧，使用后应加强水体增氧。戊二醛在强光下易发生凝聚变性降低药效，应在阴凉处保存，使用时应避开阳光强烈的时段。

③休药期：30 天。

**（3）阿维菌素**

①用法用量：全池泼洒，每立方米水体用 0.2～0.3 毫

克阿维菌素溶液（以阿维菌素计），稀释 2 000 倍，全池泼洒；第二天，每立方米水体用 0.3 克二氧化氯（含量 8%）化水全池泼洒。

②注意事项：本品性质不太稳定，特别对光线敏感，迅速氧化失活，其各种制剂应注意储存使用条件。药物毒性较大，使用时要准确计算用药量，并注意增氧。

③休药期：35 天。

# 第三节　细菌性病害

## 一、细菌性病害概述

细菌性疾病常见于放养密度高的水产动物中，此类疾病的发生通常与水质不良、水环境有机负荷大、鱼类作业处置和运输不当、剧烈的水温变化、缺氧、分子氨或亚硝酸盐超标，以及其他应激状况等相关。在水环境中致病菌经水传播，此类致病菌大多是条件病原体，可被不良环境因素、衰弱宿主或原发病原菌激活。控制这类疾病的方法在于消除诱发因素。对于细菌病害推荐方法是：消毒后次日杀灭寄生虫，三日后使用生物药剂/底质改良剂调剂水质，以抑制细菌病害的激活条件。

## 二、常见细菌性病害

### （一）烂鳃病

**1. 病原**　该病原为黏球菌属的鱼害黏球菌（*Myxococcus piscicola*），也有人认为是柱状屈挠杆菌（*Flexibacter* *calummaris*），两者均属于革兰氏阴性长杆菌（图5-5）。

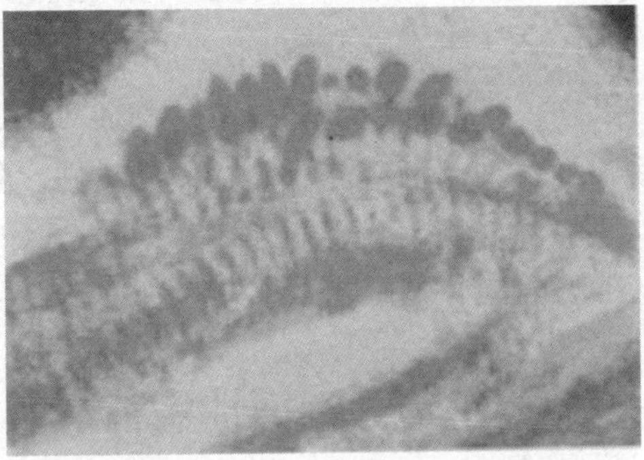

图5-5 细菌性烂鳃显微照

鳃丝小片毛细血管扩张，严重充血

**2. 症状表现** 海鲈感染后离群独游、行动缓慢、反应迟钝、体色发黑，头部尤其乌黑，呼吸困难、食欲减退。肉眼可见鳃盖内表面的皮肤充血发炎，严重时，中间部分糜烂成一圆形或不规则的透明小窗，俗称“开天窗”。鳃黏液增多，鳃丝肿胀、末端腐烂，软骨外露。

**3. 流行情况** 该病在水温15℃以上开始发生和流行。发病时间南方在4～10月份，北方在5～9月，7～8月为发病高峰期。主要由嗜水气单胞菌、爱德华氏菌引起。

**4. 预防措施**

（1）该病的防治应坚持“防治结合，防重于治”的原则。平时注重预防，一旦鳃丝出现严重腐烂，治疗难度很大。

（2）加强饲养管理，经常换水，保持水质清鲜。

（3）使用新鲜的饵料，最好消毒后投喂，多喂配合饲料。

（4）合理控制放养密度。

**5. 治疗措施**

**（1）庆大霉素**

①用法用量：口服，鱼类每日每千克体重 50～70 毫克庆大霉素拌料，分 2 次投喂，连用 3～5 天。

②注意事项：庆大霉素抗菌作用受 pH 影响较大，在碱性环境中抗菌作用增强，庆大霉素在 pH8.5 时抗菌效力比 pH5.0 约强 100 倍。本品不可与两性霉素 B、肝素钠、邻氯青霉素等配伍作用，因均可引起本品溶液沉淀。

③休药期：在水生动物尚无规定，可参考其他动物的休药期：庆大霉素注射后，休药期为 40 天。

**（2）溴氯海因**

①用法用量：用水溶解后全池泼洒，每立方米水体用 0.3～0.6 克。

②注意事项：不得使用金属器皿。缺氧、浮头前后严禁使用。水质较瘦，透明度高于 30 厘米时，剂量酌减。苗种质量减半。

③休药期：500 度日。

**（二）体表溃烂病**

**1. 病原**　嗜水气单胞菌（*Aeromonas hydrophila*）、温和气单胞菌（*A. sobria*）和豚鼠气单胞菌（*A. caviae*）等。嗜水气单胞菌菌体呈杆状，两端钝圆，中轴端直，0.5～0.9 微米×1.0～2.0 微米，单个散在或两两相连、能运动，极端单鞭毛，无芽孢，无荚膜，革兰氏染色阴性。温和气单胞菌菌体大小为 0.3～0.5 微米×0.8～1.3 微米，两端钝圆，单个、成对或短链，有运动能力，极生单鞭毛，无芽孢、无荚膜，革兰氏阴性短杆菌。

**2. 症状表现**　发病初期病鱼体色趋深，皮肤、尾部和上下颌、吻部开始充血，病鱼上游，离群独游，不摄食。随着病情加重，鳞片松散易脱落，皮下出血，肛部发红，头颅两侧、体侧出现红斑，逐渐发生溃疡，呈现不同的溃疡斑，尾部严重溃烂，甚至整个尾鳍消失。内脏器官病变明显，肝肿大，色泽不匀，有土黄色浊斑，肾稍肿，肠壁充血，有黄绿色黏液样物从肛门外溢。一般体表呈现出血症状后已无法控制，在 1～6 天内死亡。

**3. 流行情况**　水温在 15℃以上开始流行，发病高峰是 5～8 月；外伤是本病发生的重要诱因。

**4. 预防措施**　在苗种捕捞、搬运过程中，操作要谨慎，尽可能避免机械损伤；鱼种放养前，用每千克水含 10 毫克高锰酸钾的溶液药浴 10 分钟。

**5. 治疗措施**

**（1）高锰酸钾**

①用法和用量：用每千克水溶解 15～25 毫克高锰酸钾做成药浴溶液，药浴时间长短根据鱼体的耐受能力灵活掌握。

②注意事项：密闭保存于阴凉干燥处。本品及其溶液与有机物或易氧化物接触，均易发生爆炸。禁忌与甘油、碘和活性炭等混用。溶液宜新鲜配制，放置久则逐渐还原至棕色

而失效。其本身还原后所产生的二氧化锰能与蛋白质结合产生沉淀，在高浓度时，对组织有刺激及腐蚀作用，易使鳃组织受损伤，影响水生生物呼吸作用。所以，对鳃机能下降的病鱼，使用本品时须谨慎。

③休药期：500 度日。

**（2）庆大霉素**

①用法用量：与烂鳃病治疗相同。

②注意事项：与烂鳃病治疗相同。

③休药期：与烂鳃病治疗相同。

**（3）磺胺甲噁（新诺明，新明磺）**

①用法用量：与磺胺增效剂甲氧嘧啶（TMP）合用，口服，每日每千克体重服用 150～200 毫克，分两次投喂，连用 5～7 天。

②注意事项：本品不能与酸性药物同服，如维生素 C 等。大剂量应用时应该与碳酸氢钠同服，第一日用药量加倍。

③休药期：15 天。

**（4）三氯异氰尿酸**（强氯精、鱼安）

①用法用量：在养殖水体中全池泼洒，在 pH 高于 7.0、水温低于 28℃时，每立方米水体用 0.5 克；pH 为 7.0、水温为 28～30℃时用 0.4 克；pH 低于 7.0、水温高于 30℃时用 0.3 克。

②使用注意事项：保存于通风干燥处，不能与酸、碱类物质混存或合并使用，不与金属器皿接触。药物现用现配，在晴天上午或傍晚使用为宜。

③休药期：500度日。

**（5）二氧化氯**

①用法用量：在阴天或早、晚无强光照射下，每立方米水体泼洒 0.5～2.0 克。使用前原液 10 份与 1 份柠檬酸或白醋活化 3～5 分钟，然后再全池泼洒。

②注意事项：保存于通风阴凉干燥处，盛装、稀释和喷雾容器应选用塑料、玻璃或陶制品，忌用金属类。原液不得入口，喷洒消毒操作时不可吸烟，以免降低消毒效果。不可与其他消毒剂混合使用，户外消毒不宜在强光下进行，其杀菌效力随着温度的降低而减弱。

**（6）强力霉素**（脱氧土霉素、多西环素）

①用法用量：口服每日每千克体重用药 30～50 毫克，分两次投喂，连用 3～5 天。浸浴，每千克水体溶解 15～30 毫克强力霉素，每次药浴 1～2 小时，每日 1 次，连用 2～3 次。

②注意事项：本药品有吸湿性，应避光、密封于干燥处保存。避免与含铝、镁、铁、钙等金属离子药物以及抗酸剂同时使用，影响该药物的吸收。

③休药期：30 天。

**（7）氟甲砜霉素**（氟苯尼考）

①用法用量：口服，每日每千克体重服药 7～15 毫克，分两次投喂，连用 3～5 天。浸浴，每千克水体溶解 4～8 毫克氟甲砜霉素，每次 2～4 小时，每日一次，连用 2～3 次。

②注意事项：本品不良反应较少，但有胚胎毒性。

③休药期：5 天。

## （三）弧菌病

**1. 病原** 菌体短杆状、直杆状或稍弯，两端圆形，单个或两个相连，没有荚膜，极生单鞭毛，也有丛生的。生长温度 5～30℃，适温为 20～25℃。能产生毒素，属于革兰氏阴性菌。

**2. 症状表现** 病鱼游泳无力，体表褪色，并伴随溃疡。眼球浑浊、突出，腹部肿胀，肛门红肿，场内有黄色黏液，腹水很多，肝、脾、肾肿大或坏死。

**3. 流行情况** 该病流行于世界各地。病原在富含有机质的海水及底泥中生存的时间较长，且还会增殖，危害各种咸、淡水鱼类，四季都可发病，造成大量死亡。

**4. 预防措施**

（1）挖去淤泥，进水后按每千克水体用 200 毫克生石灰或 20 毫克漂白粉清塘。

（2）发现病鱼，及时捞出并深埋。

（3）免疫接种，用灭活细菌疫苗，每尾注射 0.1 毫升，或采用投喂法，每天每千克体重投喂湿菌 4 克，连喂 30 天。

（4）网箱养殖，可用漂白粉挂带法预防，一般 20 米³ 的网箱，挂 6～8 个袋，每袋装 50～100 克漂白粉，5～7 天换一次。

**5. 治疗措施**

**（1）土霉素**

①用法用量：口服，每日每千克体重用药 50～80 毫克，分 2 次投喂，连用 5～10 天。浸浴，每千克水体溶解 50～100 毫克土霉素，每次 1～2 小时，每日一次连用 2～3 次。

②注意事项：此药在碱性条件下即分解失效。土霉素与铝、镁、钙、铁等金属离子可形成螯合物在肠道难以吸收，从而降低了药效，同时也影响了钙、镁、铁等金属离子的吸收。长期使用损害肝脏，并引起二重感染，使肠道菌群失调。与青霉素合用，会抑制青霉素的杀菌作用。

③休药期：30天。

**（2）二氧化氯**

①用法用量：与体表溃烂病治疗相同。

②注意事项：与体表溃烂病治疗相同。

**（3）三氯异氰尿酸**（强氯精、鱼安）

①用法用量：与体表溃烂病治疗相同。

②注意事项：与体表溃烂病治疗相同。

③休药期：与体表溃烂病治疗相同。

**(四) 肠炎病**

**1. 病原**　为肠型点状气单胞菌。

**2. 症状表现**　病鱼腹部膨大，肛门红肿，整个腹部至下颈部位暗红色，重病鱼轻压腹可见从肛门流出淡黄色血水，剖开腹腔，内积有许多腹水；肠管紫红色，用剪刀将肠剖开，肠内充满黄色黏稠物，肠内壁上皮细胞坏死脱落。严重时，水面上漂浮有病鱼粪便。

**3. 流行情况**　发病水温23～30℃，广东全年皆可出现。

**4. 预防措施**　杜绝投喂变质或不洁净的饲料。

**5. 治疗措施**

**（1）二氧化氯**

①用法用量：发病鱼池每立方米水体泼洒0.5～0.7克

二氧化氯，每日一次，连续 2～3 次，内服抗菌中草药＋抗生素＋维生素 C，连续 3～5 天。

②注意事项：与体表溃烂病治疗相同。

③休药期：根据选择抗生素的休药期调整。

**（2）甲砜霉素**

①用法用量：按投料量投喂，每千克饲料拌 7 克，每日一次，连喂 5 天。按鱼体重投喂，每千克体重 30～50 毫克，每日分两次，连用 3～5 天。浸浴，每千克水体溶解甲砜霉素 15～30 毫克，浸泡 1～2 小时，每天一次，连续 2～3 天。

②注意事项：不能与迪诺康、速康灵等药物混用。长期使用，会影响血红细胞和血小板生成。

③休药期：14 天。

# 第四节　真菌性病害

## 一、真菌性病害概述

水产养殖中的致病真菌，可看作是继环境因素、组织创伤性损伤、水质不良或其他传染性因子之后的继发性组织侵染者。真菌一旦成功地侵染鱼体组织，病灶便会持续生长、不断扩大并可能引起死亡。真菌大都生长在腐烂的有机质上，在水环境中普遍存在。鱼卵块常带有一些碎屑和死亡的卵细胞或胚胎，极易感染真菌。水霉病是最常见的真菌对鱼和鱼卵的感染。真菌侵染鱼体后，显著症状是皮肤、鳃或鳍上可见灰白色棉絮状生物，其也能侵入鱼体的深层组织。控制措施在于避免鱼体损伤及去除已死亡的病鱼和腐烂的有机物质等。

## 二、常见真菌性病害

水霉病是常见的真菌性病害。

**1. 病原** 水霉科真菌，常见的有水霉和绵霉两种。显微镜下观察发现，其内菌丝发达，纤细而繁多；外菌丝中等粗壮，无分隔，有稀疏分支。动孢子囊很多，一般菌丝稍大，但其直径不等，多成棍棒形、纺锤形或哑铃型（图 5-6）。

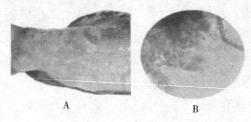

图 5-6　水霉病

A. 体表寄生水霉　B. 显微镜下水霉菌丝

**2. 症状表现** 鱼体因机械损伤或者其他病原造成体表损伤，然后伤口处被水霉感染。随着病情的发展，感染范围不断扩大，病情严重者，全身布满棉絮状白色菌丝，并侵袭到鳃部，引起鳃丝溃烂。病鱼常浮至水面缓游，食欲不振，消瘦死亡。

**3. 流行情况** 于 10～15℃时最适合生长，25℃以上时水中的游孢子繁殖力减弱，较不易感染。

**4. 预防措施**

（1）除去池底过多淤泥，每立方米水体泼洒 200 毫克生石灰或 20 毫克漂白粉消毒。

（2）加强饲养管理，提高鱼体抵抗力，尽量避免鱼体受伤。

（3）亲鱼在人工繁殖时受伤后，可在伤处涂抹 10% 高锰酸钾水溶液等，受伤严重时则须肌内或腹腔注射链霉素，每千克体重 5 万～10 万单位。

**5. 治疗措施**

**（1）氟乐灵**

①用法用量：全池泼洒，按每立方米水体 0.2 毫升，隔日一次，直到完全控制疫情为止。

②休药期：30 天。

**（2）氯化钠**（食盐）

①用法用量：食盐 1%～1.5%，浸浴 20～30 分钟。

②注意事项：密闭保存，防潮。用本品浸浴时，不宜在镀锌容器中进行，以免中毒。

# 第五节　病毒性病害

## 一、病毒性病害概述

鱼类病毒在较低温度下的鱼细胞中培养，却具有较宽和特定的温度耐受性。危害鱼类的常见病毒包括肠病毒、弹状病毒、胰脏坏死病毒、疱疹病毒、淋巴囊肿病毒、虹彩病毒和神经坏死病毒等。

## 二、常见病毒性病害

### （一）鲈出血病

**1. 病原**　在病灶部位发现两种病毒，其中肾上皮细胞质中的病毒颗粒带囊膜，病毒形状与疱疹病毒相似，是典型的C型病毒；肠肌细胞内和细胞间的病毒较小，无荚膜，常成群存在。确切的病原还需要进一步研究。

**2. 症状表现**　病鱼体表充血、出血，上下颌、吻部充血；鳍条有血丝。鳞片脱落，严重时形成溃疡斑。对病鱼解剖后发现，肝、脾均正常，肠壁有充血现象，部分病鱼肠出现空节（图5-7）。

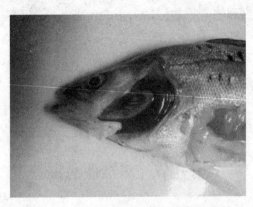

图5-7　海鲈出血病的充血鳃丝

**3. 流行情况**　该病主要危害当年鱼，发病季节为6～11月份，其中9～10月份为发病高峰期，死亡率可达50%以上。

**4. 预防措施**

（1）引进亲本、苗种时，严格检疫，发现疫病要销毁或隔离养殖。

（2）加强饲养管理，合理放养密度。

（3）养殖生产中发现病鱼，要及时将之拣出。

**5. 治疗措施**

**（1）戊二醛溶液**

①用法用量：全池泼洒，每立方米水体泼洒 0.8 毫升戊二醛，隔日一次，直到完全控制疫情为止。

②休药期：30 天。

**（2）聚维酮碘**

①用法用量：每千克水体溶解 0.02 毫升 10％聚维酮碘溶液，浸浴病鱼 5～10 分钟。具体浸浴时间长短应根据病鱼的实际难受程度而定。或者拌料投喂，每千克体重拌料 1.5～2 毫升，每日一次，连用 15 天。

②注意事项：密封避光保存于干燥阴凉处。水中有机物含量较多时，会降低聚维酮碘药效，使用时须适当提高浓度。

③休药期：500 度日。

**（二）虹彩病毒病**

**1. 病原** 真鲷虹彩病毒感染所致。

**2. 症状表现** 患鱼外部未见异常而逐渐死亡。内部症状是贫血，脾脏和肾脏肿大。脾脏和心脏也出现真鲷虹彩病毒病常见的肥大细胞，不过数量不多。病理组织学症状在于脾脏脾髓、肾脏造血组织、肝脏有坏死病灶形成，各脏器血管和心脏有细胞浸润发生（图 5-8）。

**3. 流行情况** 发病高峰为 9～10 月，水温 22～26℃，当水温低于 18℃时停止发病。对幼鱼致死率明显高于成鱼。

**4. 预防措施**

（1）放养前做到彻底清塘。

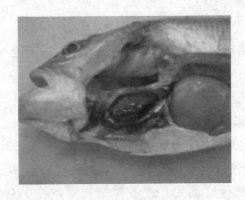

图 5-8  虹彩病毒病病鱼内脏

（2）对放养鱼苗做好检验、检疫工作，确保鱼苗健康。

（3）已经感染的病鱼及时捞出，避免感染其他健康鱼。

（4）加强水质管理，良好的水质有利于提高鱼的免疫力，减少患病风险。

（5）定期投喂免疫增强剂。

（6）日本已经成功生产出虹彩病毒灭活疫苗。将疫苗与注射用无菌水按等体积比配置，注射剂量每尾鱼 0.1 毫升。

**5. 治疗措施**

**（1）聚维酮碘**

①用法用量：每千克水体溶解 0.02 毫升 10％聚维酮碘溶液，浸浴病鱼 5～10 分钟。具体浸浴时间长短应根据病鱼的实际难受程度而定。

②注意事项：密封避光保存于干燥阴凉处。水中有机物含量较多时，会降低聚维酮碘药效，使用时须适当提高浓度。

③休药期：500 度日。

**（2）氟哌酸**（诺氟沙星）

①用法用量：每千克鱼体重拌料投喂 50～100 毫克，病情严重时用 100～200 毫克，每日一次，连用 6 天。

②注意事项：本药品不能与含阳离子的制酸剂同时使用。不能与利福平类药物同时使用。

③休药期：7 天。

# 第六章　海鲈收获与加工

## 第一节　海鲈的收捕与运输

### 一、海鲈的收捕

海鲈养殖生长 10 个月，体重可达每尾 0.5～1 千克，收获季节通常从 10 月开始至翌年的 2 月。收获方法分少量捕捉和大量捕捞两种。

少量的捕捉可在投饲时借助鱼群聚集摄食时机用抄网选择捕捞；使用钓竿也十分容易钓捕到海鲈；用抛网和刺网更容易捕捉到池塘里密集养殖的海鲈。

产品大量上市则要使用拉网捕捞，拉网以柔软的尼龙网较好，网目适中，以不能卡伤鱼体和减少水阻力为宜。捕捞方法通常是捕大留小，分 3～5 次收捕。由于鱼群抢食不均匀的原因，个体较小的海鲈往往摄食不足、生长较慢，经过捕疏后才有机会继续长大，因此多次收捕有利于获得高产。高密度养殖的海鲈在收获时尽可能做到定量捕捉，方法是根据上市的数量和凭生产经验在池塘的部分水体下网，收获池塘中的一部分产品，避免在全塘拉网损伤还未上市的鱼群。当拉网将鱼群收拢时，要尽量做到水质不混浊、溶解氧充足，并尽快挑拣捕捉完毕，将剩余的鱼放回池塘，防止缺氧和损伤死亡（彩图 11）。

## 二、海鲈的运输

海鲈的运输有活鱼运输和冷冻鱼运输的两种方法。

活鱼运输的工具可用活水船或者配备有充氧容器的汽车。运输活鱼前一天要用网箱吊水锻炼，提高成活率。此外，将池塘的活鱼转移到高盐度海水暂养 20 天左右再出售，能改善海鲈的品质和提高活鱼运输的成活率。

由于海鲈耐低氧能力差，加上人工养殖鱼体脂肪多，活鱼离塘运输较困难，故目前养殖海鲈大多数是采用冷冻产品的运输，方法是将刚收获的活鱼混合冰块按 4∶1 的比例装进泡沫箱，再用汽车运走，这种方法快捷、运输量大、运费少，但产品价格相对活鱼较低（图 6-1，彩图 12）。

图 6-1　海鲈运输

# 第二节　海鲈的加工

## 一、海鲈的加工产品种类

斗门海鲈养殖面积大，收获季节产品集中上市，为了增加销售渠道、提高养殖效益，当地政府鼓励多形种式的产品加工，扩大市场销向，目前海鲈主要的初级加工产品有两种。

### （一）冻鱼

收获季节一些海鲈产品未能及时卖出，将剩余的产品捕起储存在 −10℃ 以下的冷冻仓库，作冰鲜商品鱼待卖，也可作为进一步制成干品鱼等深加工产品的备用原材。这种初级加工主要是为了空出池塘继续投苗放养，不致耽误下年的生产季节（彩图 13）。

### （二）海鲈干品鱼

斗门海鲈干品鱼加工讲究，选用每尾 1～1.5 千克的鲜鱼，去除鳞片、内脏和脂肪，采用天然生晒方法和先进的防蝇、防虫及防水的晒场技术，晒成的干品鱼每尾放置在一个抽出空气的塑料袋里，能较长时间存放、运输而不易变质，故此产品远销全国各地。海鲈干品鱼风味甘香独特，是佐餐佳品，购买者除了外来游客，当地人也作为送礼的特产之一，市场前景较好，海鲈干品鱼的加工有逐年扩大的趋势（彩图 14）。

## 二、海鲈鱼片的加工

### （一）加工工艺流程

**1. 原料验收**（CCP1）　每批鱼在确认收购前，都要进行药物残留的检测，技术员在塘头取原料样 3～4 尾，送到专业化验室进行药物残留检测（彩图 15）。待检测结果合格后，方可收购（表 6-1）。

表 6-1 药物残留检测标准

| 项 目 | 标 准 |
|---|---|
| 孔雀石绿 | ≤0.5微克/千克 |
| 氯霉素 | ≤0.1微克/千克 |
| 呋喃唑酮代谢物（AOZ） | ≤0.5微克/千克 |
| 呋喃他酮代谢物（AMOZ） | ≤0.5微克/千克 |
| 呋喃妥因代谢物（AHD） | ≤0.5微克/千克 |
| 呋喃西林代谢物（SEM） | ≤0.5微克/千克 |
| 结晶紫 | ≤0.5微克/千克 |
| 恩诺沙星 | 不得检出（＜1.0微克/千克） |
| 环丙沙星 | 不得检出（＜1.0微克/千克） |
| 沙拉沙星 | 不得检出（＜1.0微克/千克） |
| 二氟沙星 | 不得检出（＜1.0微克/千克） |
| 多氯联苯* | 不得检出 |

注：不加 * 表示美国要求法定检测的项目，加 * 表示美国以外的其他国家可能要求的法定检测项目。

**2. 原料的记录** 原料到达收购大厅后，原料验收员根据《原料鱼捕捞运输监控表》和《出境加工用养殖水产品供货证明书》，首先检查运输车辆的安全状况，安全状况良好，原料验收员先取 2 尾鱼，用微波炉蒸熟品尝有无臭土味或其他异臭味，有则拒收。观察整车鱼活力，如活力差，则不能用于生产鱼片，鱼身太扁、肉层薄的亦不能用于生产鱼片。进行制成率分析，带皮带鳞不能低于 52%，低于标准通知原料采购处理；若安全状况不符合要求，要有监控押运人员合理的理由，并在《原料鱼捕捞运输监控表》记录。原料验收合格后，原料验收员通知仓储部卸货接收，同时根据《批号管理操作程序》对每批原料确定批号，并填写《原料验收记录》（彩图 16、彩图 17）。

**3. 卸货过磅**　验收合格的原料鱼马上卸货过磅。若需要暂养的原料事先打开氧机供氧，把活力不好的挑出，蓄养池内盐度控制在 3～5，并注意保持水的清洁。若天气热，水温高须加冰降温，天冷时需注意水的保暖。理想水温 20～25℃（彩图 18）。

**4. 初级挑拣**　原料鱼过磅时，要将杂鱼、死鱼、畸形鱼挑出（彩图 19）。

**5. 放血**　员工按照标准手法切断鱼鳃处三角肉进行放血，将鱼放入放血桶中，让鱼自由游动至血基本流尽，约 5 分钟（彩图 20）。

**6. 原料送入车间**　放血好的原料送入加工车间（彩图 21）。

**7. 机器打鳞**　把放血后的原料倒入打鳞机进行打鳞（彩图 22）。

**8. 人工补打鳞**　把机器打鳞后的鱼再进行人工补打鳞，以保证打鳞去除得干净（彩图 23）。

**9. 清洗和分筐**　鱼经过人工补打鳞后，机器自动传输到清洗槽中，使用流动水清洗，从放血槽清洗后的鱼进行磅重和分筐（彩图 24、彩图 25）。

**10. 取片**　第一面从鱼尾下刀向上推至头部、刀须顺鱼骨方向走，腹部一刀推。第二面从腮部切一刀后、鱼背下刀顺鱼骨方向走，腹部也一刀推。要确保鱼片形状完整，取肉完全，无明显刀痕、裂缝，不带骨头（中骨除外），台面出现脏物时马上用水冲掉，取片时，注意对准水作业（彩图26）。

**11. 去皮**　根据订单要求，控制去皮厚薄，以不残留鱼皮，又不浪费鱼肉为标准。常磨刀片，保持去皮刀片锋利，按要求调整好刀距，保证去皮的质量（彩图27）。

**12. 修整**　第一步修边，从背部把鱼背的毛边修掉，再翻转把腹部的毛边，白膜修掉。第二步切中骨，先摸准骨头位置，顺骨头走向下刀，切去7～11根中骨，切完后要自我检查有无骨头残留，按客户的要求把毛边、白膜、鱼皮、鱼鳍、中骨、骨头及血合肉等去除干净。注意下刀要准，不可切去太多的鱼肉，以免影响制成率（彩图28）。

**13. 摸骨**　在输送带出口处，专人逐步检查鱼片有无残留骨头，鱼皮、黑膜、白膜等，把不合格品挑出，将带骨头的，未修整好的鱼片打回重新修整，同时挑出不宜加工的次品（鱼的形状残缺不全，肉色暗红或异常，弹性差）（彩图29、彩图30）。

**14. 分规格**　将挑选合格后的鱼片按重量或客户的要求分规格放好（彩图31，表6-2）。

表6-2　鱼片的规格划分

| 规格（盎司*） | 1/3 | 3/5 | 5/7 | 7/9 | 9/11 | 11/UP |
|---|---|---|---|---|---|---|
| 重量（克） | 28/84 | 85/141 | 142/198 | 199/255 | 256/311 | 312/UP |

　　* 1盎司=28.350克。

**15. 鱼片清洗**　分好规格的鱼片置于清洗槽中清洗，需要搅动，清洗的水每半小时更换一次或特殊情况及时换水（彩图 32）。

**16. 冰存**　为了降低单冻前鱼片的温度，将鱼片放入碎冰水里暂存，冰水温度控制在 5℃ 以内，时间控制在 0.5 小时内（彩图 33）。

**17. 过臭氧**　把鱼片倒入浓度在每千克水体含 10.0 毫克臭氧的流水中清洗、消毒鱼片。鱼片通过此槽的时间约为 1 分钟左右（彩图 34、彩图 35）。

**18. 真空包装**　根据客户要求，将鱼片表面的水沥干后进行真空包装。装好袋的鱼摆放真空机上进行抽真空、封口。注意鱼片要摆正、中骨切口要合拢，鱼片不可翻置，封口要平整密合。真空后挑出真空度不够或封口不平整的鱼片，重新装袋封口（彩图 36、彩图 37）。

**19. 排单冻**　提前预冷单冻机，按规格分别排入单冻机，注意鱼片不可弯曲，不能搁在单冻机壁上。要将鱼片有序排列好（不要重叠）送入已预冷（≤−40℃）的速冻机急冻，当鱼片中心温度达到−18℃以下，速冻才可结束（彩图 38、彩图 39）。

**20. 出单冻机**　根据不同的鱼片规格，单冻的时间在 10～20 分钟不等，才能达到−18℃的规定温度，接单冻时不同规格产品要分开进行（彩图 40、彩图 41）。

**21. 金属探测**（CCP2）　根据《金属探测器操作规程及注意事项》要求，对成品进行金属探测。合格成品金属检测要求：没有直径大于 1.5 毫米的铁碎片、3.0 毫米的不锈钢、3.0毫米非铁。对成品进行金属探测频率要求：生产过程中每两小时对机器校正一次，并如实做好记录（彩图42）。

**22. 磅重** 按客户要求磅重，注意扣除纸箱、内袋重量。磅秤要定期校准（彩图43）。

**23. 镀冰衣** 镀冰衣的水温控制在（6±2）℃（根据客户的包冰率多少适当调整冰水温度），冰衣外观平滑，无气泡或杂质（彩图44）。

**24. 内包装** 磅重的鱼片入PE袋或印刷彩袋（彩图45）。

**25. 外包装** 产品出单冻机中心温度达－18℃以下便可装箱。根据订单要求，装箱鱼片摆放平整正面向上，注意内、外包装，规格准确。把装鱼片的PE袋或印刷彩袋入纸箱，然后用封箱胶带封口，注意纸箱要平整（彩图46）。在纸箱上标示批号，批号按原料进货日期与车次编排，生产批号位数用11位数表示：1～2位数表示生产年份，3～4位数表示生产月份，5～6位数表示生产日期，7～8位数表示原料收购年份，9～10位表示备案养殖场代码，11位表示原料代码（彩图47）。

**26. 冷库贮存** 产品按先进先出的原则分规格存放于库温≤－20℃的冷库中，离墙离地堆放，堆垛要规范，注意留风道。堆垛时相同规格的批号依次序堆叠，并填写保管卡。次日，冷库管理员必须将各产品批号情况整理汇总，并做好归档工作（彩图48、彩图49）。

**27. 出货柜操作规程** 出货柜前，对冷库已存货物进行整理工作，核对数目。货柜车到厂应提前半小时或1小时开机预冷，冷柜车到厂后，先由预检员对货柜按《进出境集装箱适载预检》进行检验，检查货柜打冷系统是否运转正常，经质检检查打冷系统正常后，对货柜箱进行清洁工作，清洁完毕，填写《冷藏集装箱适载检验预检记录》，经检验合格后方可装货。装车时，要注意核对单、货是否相符以及数量是否准确，堆垛要整齐稳固，同时检查纸箱标志是否正确，最上层注意留通风道。装完货柜后，把装箱单贴入货柜箱内马上关门开机制冷，冷藏柜温度不得高于 -18℃，经质检员检查确认打冷系统运转正常后，根据实际数量开货物出库单，签字确认无误后方可让货柜车离厂。运输各环节所有装产品的车、船温度须保持在 -18℃以下（彩图50）。

## （二）单冻鲈鱼片产品加工标准

**1. 品质标准**　单冻鲈鱼片产品的品质标准见表6-3。

表6-3　单冻鲈鱼片产品的品质标准

| 项目 | 标　　准 |
|---|---|
| 形态 | 1. 鱼片完整、不变形、不断裂、不破碎，单个的<br>2. 无残留骨、鱼鳍或鱼尾，无碎肉<br>3. 根据客户要求去除干净鱼皮、血合肉部分 |
| 色泽 | 1. 乳白色<br>2. 无明显瘀血变色部分<br>3. 无风干现象，发黄、发绿等颜色<br>4. 若有包冰衣，冰衣外观平滑，无气泡或杂质 |

（续）

| 项目 | 标　准 |
|---|---|
| 气味 | 无硫化氢、氨臭及其他异臭味 |
| 挑选 | 大小基本均匀、不得串规格 |
| 重量 | 净重不低于标识重量，解冻后质量＝净重±3%，公差为正值 |
| 温度 | 产品中心温度在−18℃以下 |
| 肉质 | 产品解冻后弹性好，蒸煮后口感好 |
| 杂质 | 无血污、鱼皮及其他异物 |

**2. 重金属标准**　单冻鲈鱼片产品的重金属标准见表6-4。

表6-4　单冻鲈鱼片产品的重金属标准

| 项　目 | 标　准 |
|---|---|
| 汞（以汞计）* | ≤0.5毫克/千克 |
| 铅* | ≤0.5毫克/千克（输欧盟为≤0.2毫克/千克） |
| 砷* | ≤0.5毫克/千克 |
| 镉* | ≤0.1毫克/千克（输欧盟为≤0.05毫克/千克） |

注：加＊表示美国以外的其他国家可能要求的法定检测项目。

**3. 药物残留标准**　单冻鲈鱼片产品的药物残留标准见表6-5。

表6-5　单冻鲈鱼片产品的药物残留标准

| 项　目 | 标　准 |
|---|---|
| 孔雀石绿 | ≤0.5微克/千克 |
| 氯霉素 | ≤0.1微克/千克 |
| 呋喃唑酮代谢物（AOZ） | ≤0.5微克/千克 |
| 呋喃它酮代谢物（AMOZ） | ≤0.5微克/千克 |
| 呋喃妥因代谢物（AHD） | ≤0.5微克/千克 |
| 呋喃西林代谢物（SEM） | ≤0.5微克/千克 |

（续）

| 项　目 | 标　准 |
|---|---|
| 结晶紫 | ≤0.5微克/千克 |
| 恩诺沙星 | 不得检出（<1.0微克/千克） |
| 环丙沙星 | 不得检出（<1.0微克/千克） |
| 沙拉沙星 | 不得检出（<1.0微克/千克） |
| 二氟沙星 | 不得检出（<1.0微克/千克） |
| 多氯联苯* | 不得检出 |

注：不加*表示美国要求法定检测的项目，加*表示美国以外的其他国家可能要求的法定检测项目。

**4. 微生物标准**　单冻鲈鱼片产品的微生物标准见表6-6。

表6-6　单冻鲈鱼片产品的微生物标准

| 项　目 | 标　准 |
|---|---|
| 细菌总数 | ≤$10^5$ cfu/克 |
| 大肠杆菌 | ≤3.6 MPN/克 |
| 沙门氏菌 | 不得检出 |
| 金黄色葡萄球菌 | ≤$10^4$ cfu/克 |
| 霍乱弧菌 | 阴性 |
| 寄生虫 | 不得检出 |
| *副溶血性弧菌 | 阴性 |
| *单核细胞增生李斯特杆菌 | 阴性 |
| *李斯特杆菌 | <10 |
| *O157：H7 | 不得检出 |

注：不加*表示美国要求法定检测的项目，加*表示美国以外的其他国家可能要求的法定检测项目。MPN代表最大或然数（most probable number，MPN）计数又称稀释培养计数，适用于测定在一个混杂的微生物群落中虽不占优势，但却具有特殊生理功能的类群。cfu代表单位重量的某检测物质在培养基平板上生长的菌落总数。

# 附 录

## 附录一 无公害食品 白蕉海鲈养殖技术规范 (DB 440400/T 14—2006)

### 1. 范围

本标准规定了无公害食品白蕉海鲈(*Lateolabrax japonicus*)养殖的环境条件、苗种培育、食用鱼饲养和病害防治技术和收获。

本标准适用于无公害食品白蕉海鲈的池塘养殖和网箱养殖。

### 2. 规范性引用文件

下列文件中的条款通过本标准的引用而成为本标准的条款。凡是注日期的引用文件,其随后所有的修改单(不包括勘误的内容)或修订版均不适用于本标准,然而,鼓励根据本标准达成协议的各方研究是否可使用这些文件的最新版本。凡是不注日期的引用文件,其最新版本适用于本标准。

GB 13078 饲料卫生标准

GB/T 18407.4　农产品安全质量　无公害水产品产地环境要求

NY 5051　无公害食品　淡水养殖用水水质

NY 5052　无公害食品　海水养殖用水水质

NY 5071　无公害食品　渔用药物使用准则

NY 5072　无公害食品　渔用配合饲料安全限量

SC/T 1006　淡水网箱养鱼　通用技术要求

SC/T 1007　淡水网箱养鱼　操作技术规程

SC/T 1008　池塘常规培育鱼苗鱼种技术规范

《水产养殖质量安全管理规定》　中华人民共和国农业部令（2003）第［31］号

## 3. 环境条件

### 3.1　水源

水源应符合 GB/T 18407.4 的要求，咸淡水充足，进排水设计合理，排灌方便。

### 3.2　水质

养殖用水应分别符合 NY 5052 和 NY 5051 的规定，水体溶解氧应在 5mg/L 以上。

### 3.3　池塘条件

池塘土壤应符合 GB/T 18407.4 的要求，底部平坦，底质为沙泥底，不渗水。修整三级围网设备，分别做为鱼苗培育池、鱼种一级培育池、鱼种二级培育池使用，比例约为1∶2∶4。面积和水深等要求见表1。

表 1　池塘要求

| 类　别 | 面积 m² | 水深 m | 淤泥厚度 m |
|---|---|---|---|
| 鱼苗培育池 | 200～1 000 | 1.0～1.5 | |
| 鱼种一级培育池 | 300～1 000 | 1.2～1.8 | ≤0.1 |
| 鱼种二级培育池 | 600～1 500 | 1.2～1.8 | |
| 食用鱼养殖池 | 4 000～8 000 | 1.8～2.8 | |

# 4. 苗种培育

## 4.1　鱼苗培育

### 4.1.1　鱼苗来源

鱼苗应来源于国家级、省级良种场或专业性鱼类繁育场。外购鱼苗应检疫合格。

### 4.1.2　培育方法

#### 4.1.2.1　清池与肥水

按 SC/T 1008 的规定执行。

#### 4.1.2.2　放养密度

5 日龄～8 日龄的鱼苗，放养密度为 $60 \times 10^4$ 尾/hm² ～ $90 \times 10^4$ 尾/hm²。

#### 4.1.2.3　饲料投喂

前 5d～7d，每天分上、下午全池泼洒黄豆浆或鲜杂鱼浆 15.0kg/hm² ～22.5kg/hm²；鱼苗全长约 1.0cm 时开始驯食杂鱼虾肉糜，日投喂 3 次～5 次，日投饲量为鱼体重的 20％～50％，并根据鱼苗的摄食情况及池水中浮游动物的密度及时调整。

#### 4.1.2.4　日常管理

培苗前期应经常添加新水；鱼苗全长 1.0cm 以上时，逐渐增大换水量或采用流水培育；育苗中后期逐步添加淡水降低海水盐度。鱼苗全长 1.3cm 时，进行规格分池操作。

**4.1.2.5** 出池规格与质量

鱼苗全长 3.0cm 以上、鳞片基本齐全、侧线已可辨认、鳍基本形成时，经检疫合格，即可进入鱼种一级培育池培育或出池。

**4.2 鱼种培育**

**4.2.1 鱼种来源**

人工培育或天然采捕获得。

**4.2.2 鱼种质量**

鱼种应规格整齐，体质健壮，无病、无伤、无畸形。外购鱼种应检疫合格。

**4.2.3 放养密度**

全长为 2.5cm～3.0cm 的鱼苗，放养密度为 $15\times10^4$ 尾/$hm^2$～$30\times10^4$ 尾/$hm^2$。

**4.2.4 培育方法**

**4.2.4.1** 盐度调整

采苗海区或原鱼苗培育池与鱼种培育池盐度差大于 3 的，应逐渐向鱼苗暂养容器中加入培育池水，24h～48h 内使盐度调整一致。

**4.2.4.2** 日常管理

——定时、定点驯食：将鲜杂鱼、虾肉糜或、配合饲料按少量多次、逐步减少投饲次数和投饲点数量的原则进行驯食。提倡以鲜杂鱼、虾肉糜为主要饲料，也可以拌配合料一起投喂。每 5 天拌喂一次鱼多维。经 1 周～2 周驯食后，每天可定点投喂配合饲料 2 次～3 次；

　　——日投饲量：投喂鲜活动物性饲料时，日投饲量占鱼体重的 10%～15%；配合饲料的日投饲量占鱼体重的 5%～8%；

　　——分选：每隔 20d 按不同规格进行分池培育；

　　——水质管理：及时清污，加、换水，保持水体透明度为 30cm～35cm、溶氧量 5mg/L 以上。

## 5. 食用鱼饲养

### 5.1　池塘饲养
### 5.1.1　鱼种来源
　　人工培育获得。

### 5.1.2　鱼种质量
　　见 4.2.2。

### 5.1.3　放养规格和密度
　　全长 8cm 以上的鱼种，池塘饲养的放养密度为 $6\times10^4$ 尾/$hm^2$～$12\times10^4$ 尾/$hm^2$。

### 5.1.4　饲养方法
#### 5.1.4.1　盐度调整
　　见 4.2.4.1。

#### 5.1.4.2　混养品种
　　主要混养鳙鱼、鲫鱼、团头鲂等。鱼种质量见 4.2.2。

#### 5.1.4.3　混养规格和密度
　　全长 10cm 以上的鳙鱼池塘混养密度为 800 尾/$hm^2$～

1 200尾/hm²。全长3cm以上的鲫鱼池塘混养密度为2 000尾/hm²～3 000尾/hm²。全长3cm以上的团头鲂池塘混养密度为2 000尾/hm²～3000尾/hm²。其他鱼种的规格和密度可以参照上述品种。

#### 5.1.4.4 混养办法

海鲈鱼种培育的同时，在池塘的另一角设围网进行养殖鳙鱼、鲫鱼、团头鲂等，40d～60d后，放开围网和海鲈混养。

#### 5.1.4.5 日常管理

——投喂：每天投喂两次，上、下午各一次。投喂动物性饲料时，日投饲量占鱼体重的6%～10%。投喂配合饲料，日投饲量占鱼体重的3%～5%，水温低于15℃或高于29℃时以及阴雨天气应减少投饲次数和投饲量；

——水质管理：每隔10d～15d换水一次，每次换水量为5%～10%；高温季节加大换水次数和换水量；海鲈摄食差时，可停料一次，并加大换水量及增开增氧机，保持溶氧量5mg/L以上；

——巡塘：早晚巡视，观察塘中水质、水位、水色变化情况和鱼群的摄食、活动情况；检查进出水口设施和塘埂，防止逃鱼。

### 5.2 网箱饲养

#### 5.2.1 网箱养殖水域的选择

淡水网箱养殖水域应符合SC/T 1006的规定，水质符合NY 5071的规定。海水网箱养殖水域应选择低潮期水深5m以上、流速0.07m/s～0.7m/s、海流流向平直而稳定、避开大风浪和航道的海区，水质符合 NY 5072 的规定，透明度 0.5m～3.0m，溶氧量 6mg/L 以上。

## 5.2.2　网箱的选择

淡水网箱应符合 SC/T 1006 的规定。海水网箱一般为（3.0～5.0）m×（3.0～5.0）m×（3.0～5.0）m 浮动式网箱。网衣为无结节网片，网目大小以不逃鱼为原则。

## 5.2.3　网箱的设置

以串联设置方式每排串联 6 个～18 个箱，箱距 0.5m，排距 15m。

## 5.2.4　鱼种质量

见 4.2.2。淡水网箱饲养的，进箱前应做淡化处理，方法是向鱼苗暂养容器中注入淡水，逐步降低暂养水的盐度，在 24h～48h 内完成淡化过程。

## 5.2.5　放养规格和密度

不同规格的海鲈鱼种网箱饲养的放养密度见表 2。

**表 2　网箱饲养海鲈放养密度**

| 鱼种规格（全长）cm | 放养密度尾/m³ | 放养密度 kg/m³ |
|---|---|---|
| 8～10 | 200 | 3.6 |
| 10～15 | 120 | 8.0 |
| 15～20 | 70 | 10.5 |
| 20～30 | 30 | 15.0 |

## 5.2.6　日常管理

——投饲管理：每天投饲 2 次～3 次。投喂动物性饲料时，日投饲量占鱼体重的 6%～10%；投喂配合饲料时，日投饲量占鱼体重的 3‰～4‰；

——网箱管理：应每隔 10d～15d 清洗一次、20d～30d 更换一次网箱。每天巡视检查网箱有无破损，发现破损应及时修补或更换；水温高于 28℃时避免倒箱、搬动；技术操作按 SC/T 1007 执行；

——防灾管理：做好防风、防雨工作，防止吹翻或压沉网箱，必要时应将网箱移到避风的地方。

## 6. 生产记录

在养殖全过程中，养殖、药物使用应填写记录表，表格按《水产养殖质量安全管理规定》中附件 1 和附件 3 要求填写。

## 7. 病害防治

### 7.1 预防

#### 7.1.1 池塘清整

苗种放养前应清塘、消毒。清塘方法及清塘药物用量应符合 SC/T 1008 和 NY 5071 的规定。

#### 7.1.2 鱼种消毒

鱼种放养、分箱或换箱时，应用 3‰～5‰的食盐溶液（淡水饲养）浸泡 5min～10min，或 5mg/L 的高锰酸钾溶液（海水饲养）或 1‰的聚维酮碘（PVP‐1）浸泡 10min～15min 消毒。

#### 7.1.3 水体消毒

饲养期间，每隔 30d 用生石灰全池泼洒一次，每次用量为 150kg/hm² ～375 kg/hm²；或每隔 15d 全池或全箱泼洒漂白粉，使水体药物浓度为 1mg/L。

**7.1.4　饲料**

饲料的营养应满足海鲈生长的需要，饲料的质量应符合 GB 13078 和 NY 5072 的规定，并定期添加适量的维生素 E 和维生素 C。日投饲量应根据水温、水质和海鲈生长情况及时调整。

**7.2　常见病害的防治**

海鲈常见病害防治方法见表3。

表3　海鲈常见病害防治方法

| 鱼病名称 | 症状 | 防治方法 | 休药期 d | 注意事项 |
|---|---|---|---|---|
| 肠炎病 | 病鱼食欲不振，散游，继而消瘦，腹部、肛门红肿，有黄色黏液流出。解剖肠壁充血呈暗红色 | 预防：高温季节减少投饲量，喂优质饲料；避免倒箱。治疗：每千克体重用 10g～30g 大蒜拌饲投喂，连续 4d～6d；或每千克体重用 0.2g 大蒜素粉（含大蒜素 10%）拌饲投喂，连续 4d～6d，同时全池泼洒二氯异氰尿酸钠 0.3mg/L～0.6mg/L | 二氯异氰尿酸钠 ≥10 | 勿用金属容器盛装 |
| 皮肤溃烂病 | 鳞片脱落部位皮肤充血、红肿、溃烂 | 20mg/L 土霉素药浴 3h～4h，连续 2d；每千克体重用 50mg 土霉素拌饲喂，连续 5d～10d | 土霉素 ≥30 | 勿与铝、镁离子及卤素、碳酸氢钠、凝胶合用 |
| 类结节病 | 病鱼无食欲，体色稍变黑，离群散游或静止于池底，不久即死。解剖病鱼可见脾脏、肾脏上有很多小白点 | 每千克体重用 50mg 土霉素拌饲投喂，连续 5d～10d | | |

（续）

| 鱼病名称 | 症状 | 防治方法 | 休药期 d | 注意事项 |
|---|---|---|---|---|
| 隐核虫病 | 寄生于皮肤、鳃、鳍等体表外露处。寄生部位分泌大量黏液和表皮细胞增生，包裹虫体，形成白色囊孢。病鱼体色变黑、消瘦，反应迟钝或群集狂游，不断与其他物体或池壁摩擦。终因鳃组织被破坏，3d~5d 内大量死亡 | 预防：用含氯消毒剂或高锰酸钾清塘消毒；降低放养密度。治疗：淡水浸泡 3 min~10min 后换池；硫酸铜、硫酸亚铁合剂（5：2）0.7mg/L ~ 1.0mg/L 全池泼洒或 8.0mg/L 药浴 30min~60min 后进行大换水 | 含氯消毒剂≥10 | 1. 含氯消毒剂勿用金属容器盛装；勿与其他消毒剂混用；2. 高锰酸钾避免在强烈阳光下使用；3. 硫酸铜、硫酸亚铁合剂勿用金属容器盛装；勿与其他消毒剂混用；使用后注意增氧 |
| 车轮虫病 | 病鱼组织发炎，体表、鳃部形成黏液层，鱼体消瘦、发黑，游动缓慢，呼吸困难 | 预防：保证饲料充足；保持水质良好；降低放养密度。治疗：硫酸铜、硫酸亚铁合剂（5：2）0.7mg/L ~ 1.0mg/L 全池泼洒 | | |

病害防治中渔用药物的使用与休药期应符合 NY 5071 的规定。

# 8. 养成收获

鱼平均体重 500g 时，采取人工拉网收鱼的方法，捕大留小统级上市。剩余的继续养殖，3~4 次捕捞完毕。

# 附录二 无公害食品 渔用药物使用准则
## （NY 5071—2002）

## 1. 范围

本标准规定了渔用药物使用的基本原则、渔用药物的使用方法以及禁用渔药。

本标准适用于水产增养殖中的健康管理及病害控制过程中的渔药使用。

## 2. 规范性引用文件

下列文件中的条款通过本标准的引用而成为标准的条款。凡是注日期的引用文件，其随后所有的修改单（不包括勘误的内容）或修订版均不适用于本标准，然而，鼓励根据本标准达成协议的各方研究是否可使用这些最新版本。凡是不注日期的引用文件，其最新版本适用于本标准。

NY5070 无公害食品 水产品中渔药残留限量

NY5072 无公害食品 渔用配合饲料安全限量

## 3. 术语和定义

下列术语和定义适用于本标准。

### 3.1 渔用药物 fishery drugs

用以预防、控制和治疗水产动植物的病、虫害，促进养殖品种健康生长，增强机体抗病能力以及改善养殖水体质量的一切物质，简称"渔药"。

**3.2  生物源渔药 biogenic fishery medicines**

直接利用生物活体或生物代谢过程中产生的具有生物活性的物质或从生物体提取的物质作为防治水产动物病害的渔药。

**3.3  渔用生物制品 fishery biopreparate**

应用天然或人工改造的微生物、寄生虫、生物毒素或生物组织及其代谢产物为原材料，采用生物学、分子生物学或生物化学等相关技术制成的、用于预防、诊断和治疗水产动物传染病和其他有关疾病的生物制剂。它的效价或安全性应采用生物学方法检定并有严格的可靠性。

**3.4  休药期 withdrawal time**

最后停止给药日至水产品作为食品上市出售的最短时间。

## 4. 渔用药物使用基本原则

**4.1**  渔用药物的使用应以不危害人类健康和不破坏水域生态环境为基本原则。

**4.2**  水生动植物增养殖过程中对病虫害的防治，坚持"以防为主，防治结合"。

**4.3**  渔药的使用应严格遵循国家和有关部门的有关规定，严禁生产、销售和使用未经取得生产许可证、批准文号与没有生产执行标准的渔药。

**4.4**  积极鼓励研制、生产和使用"三效"（高效、速效、长效）、"三小"（毒性小、副作用小、用量小）的渔药，提倡使用水产专用渔药、生物源渔药和渔用生物制品。

**4.5**　病害发生时应对症用药，防止滥用渔药与盲目增大用药量或增加用药次数、延长用药时间。

**4.6**　食用鱼上市前，应有相应的休药期。休药期的长短，应确保上市水产品的药物残留限量符合 NY5070 要求。

**4.7**　水产饲料中药物的添加应符合 NY5072 要求，不得选用国家规定禁止使用的药物或添加剂，也不得在饲料中长期添加抗菌药物。

## 5. 渔用药物使用方法

各类渔用药使用方法见表1。

表 1　渔用药物使用方法

| 渔药名称 | 用途 | 用法与用量 | 休药期/天 | 注意事项 |
|---|---|---|---|---|
| 氧化钙（生石灰）calci-ioxydum | 用于改善池塘环境，清除敌害生物及预防部分细菌性鱼病 | 带水清塘：200mg/L～250mg/L（虾类：350mg/L～400mg/L）全池泼洒：20mg/L（虾类：15mg/L～30mg/L） | | 不能与漂白粉、有机氧、重金属盐、有机结合物混用 |
| 漂白粉 bleaching-powder | 用于清塘、改善池塘环境及防治细菌性皮肤病、烂鳃病出血病 | 带水清塘：20mg/L全池泼洒：1.0mg/L～1.5mg/L | ≥5 | 1. 勿用金属容器盛装。2. 勿与酸、铵盐、生石灰混用 |
| 二氯异氰尿酸钠 sodiumdi-chloroisocya-nurate | 用于清塘及防治细菌性皮肤病溃疡病、烂鳃病、出血病 | 全池泼洒：0.3mg/L～0.6mg/L | ≥10 | 勿用金属容器盛装 |

（续）

| 渔药名称 | 用途 | 用法与用量 | 休药期/天 | 注意事项 |
|---|---|---|---|---|
| 三氯异氰尿酸 trichlorosisocyanuric acid | 用于清塘及防治细菌性皮肤病溃疡病、烂鳃病、出血病 | 全池泼洒：0.2mg/L～0.5mg/L | ≥10 | 1. 勿用金属容器盛装。2. 针对不同的鱼类和水体的 pH，使用量应适当增减 |
| 二氧化氯 chlorinedioxide | 用于防治细菌性皮肤病、烂鳃病、出血病 | 浸浴：20mg/L～40mg/L，5min～10min 全池泼洒：0.1mg/L～0.2mg/L，严重时0.3mg/L～0.6mg/L | ≥10 | 1. 勿用金属容器盛装。2. 勿与其他消毒剂混用 |
| 二溴海因 | 用于防治细菌性皮肤病和病毒性疾病 | 全池泼洒：0.2mg/L～0.3mg/L | | |
| 氯化钠（食盐） sodiumchoiride | 用于防治细菌、真菌或寄生虫疾病 | 浸浴：1%～3%，5min～20min | | |
| 硫酸铜（蓝矾、胆矾、石胆） coppersulfate | 用于治疗纤毛虫、鞭毛虫等寄生虫性原虫病 | 浸浴：8mg/L（海水鱼类：8mg/L～10mg/L），15min～30min 全池泼洒：0.5mg/L～0.7mg/L（海水鱼类：0.7mg/L～1.0mg/L） | | 1. 常与硫酸亚铁合用。2. 广东鲂慎用。3. 勿用金属容器盛装。4. 使用后注意池塘增氧。5. 不宜用于治疗小瓜虫病 |
| 硫酸亚铁（硫酸低铁、绿矾、青矾） ferrous sulfate | 用于治疗纤毛虫、鞭毛虫等寄生性原虫病 | 全池泼洒：0.2mg/L（与硫酸铜合用） | | 1. 治疗寄生性原虫病时需与硫酸铜合用。2. 乌鳢慎用 |

（续）

| 渔药名称 | 用途 | 用法与用量 | 休药期/天 | 注意事项 |
|---|---|---|---|---|
| 高锰酸钾（锰酸钾、灰锰氧、锰强灰）potassium permanganate | 用于杀灭锚头鳋 | 浸浴：10mg/L～20mg/L，15min～30min 全池泼洒：4mg/L～7mg/L | | 1. 水中有机物含量高时药效降低。2. 不宜在强烈阳光下使用 |
| 四烷基季铵盐络合碘（季铵盐含量为50%） | 对病毒、细菌、纤毛虫、藻类有杀灭作用 | 全池泼洒：0.3mg/L（虾类相同） | | 1. 勿与碱性物质同时使用。2. 勿与阴性离子表面活性剂混用。3. 使用后注意池塘增氧。4. 勿用金属容器盛装 |
| 大蒜 crow'streacle, garlic | 用于防治细菌性肠炎 | 拌饵投喂：10g/kg 体重～30g/kg 体重，连用4天～6天（海水鱼类相同） | | |
| 大蒜素粉（含大蒜素10%） | 用于防治细菌性肠炎 | 0.2/kg 体重，连用4天～6天（海水鱼类相同） | | |
| 大黄 medicinal rhubarb | 用于防治细菌性肠炎、烂鳃 | 全池泼洒：2.5mg/L～4.0mg/L（海水鱼类相同）拌饵投喂：5g/kg体重～10g/kg体重，连用4天～6天（海水鱼类相同） | | 投喂时常与黄芩、黄柏合用（三者比例5：2：3） |
| 黄芩 raikaiskullcap | 用于防治细菌性肠炎、烂鳃、赤皮、出血病 | 拌饵投喂：2g/kg 体重～4g/kg 体重，连用4天～6天（海水鱼类相同） | | 投喂时常与大黄、黄芩合用（三者比例为2：5：3） |

（续）

| 渔药名称 | 用途 | 用法与用量 | 休药期/天 | 注意事项 |
|---|---|---|---|---|
| 黄柏 amur-corktree | 用于防治细菌性肠炎、出血 | 拌饵投喂：2g/kg 体重～6g/kg 体重，连用 4 天～6 天（海水鱼类相同） | | 投喂时常与大黄、黄芩合用（三者比例为 3：5：2） |
| 五倍子 chinese sumac | 用于防治细菌性烂鳃、赤皮、白皮、疖疮 | 全池泼洒：2mg/L～4mg/L（海水鱼类相同） | | |
| 穿心莲 common andrographis | 用于防治细菌性肠炎、烂鳃、赤皮 | 全池泼洒：15mg/L～20mg/L 拌饵投喂：10g/kg 体重～20g/kg 体重，连用 4 天～6 天 | | |
| 苦参 light-yellow sophora | 用于防治细菌性肠炎、竖鳞 | 全池泼洒：1.0mg/L～1.5mg/L 拌饵投喂：1g/kg 体重～2g/kg 体重，连用 4 天～6 天 | | |
| 土霉素 oxytetracycline | 用于治疗肠炎病、弧菌病 | 拌饵投喂：50mg/kg 体重～80mg/kg 体重，连用 4 天～6 天（海水鱼类相同，虾类 50mg/kg 体重～80mg/kg 体重，连用 5 天～10 天） | ≥30（鳗鲡）≥21（鲶鱼） | 勿与铝、镁离子及卤素、碳酸氢钠、凝胶合用 |
| 噁喹酸 oxslinic acid | 用于治疗细菌肠炎病、赤鳍病、香鱼对虾弧菌病、鲈鱼结节病、鲕鱼疖疮病 | 拌饵投喂：10mg/kg 体重～3mg/kg 体重，连用 5 天～7 天（海水鱼类 1mg/kg 体重～20mg/kg 体重，对虾 6mg/kg 体重～60mg/kg 体重，连用 5 天） | ≥25（鳗鲡）≥21（香鱼、鲤鱼）≥16（其他鱼类） | 用药量不同的疾病有所增减 |

（续）

| 渔药名称 | 用途 | 用法与用量 | 休药期/天 | 注意事项 |
|---|---|---|---|---|
| 磺胺嘧啶（磺胺哒嗪）sulfadiazine | 用于治疗鲤科鱼类的赤皮病、肠炎病、海水鱼链球菌病 | 拌饵投喂：100mg/kg体重连用5天（海水鱼类相同） | | 1. 与甲氧苄氨嘧啶（TMP）同用，可产生增效作用。2. 第1天药量加倍 |
| 磺胺甲噁唑（新诺明、新明磺）sulfamethoxazole | 用于治疗鲤科鱼类的肠炎病 | 拌饵投喂：100mg/kg体重，连用5天～7天 | | 1. 不能与酸性药物同用。2. 与甲氧苄氨嘧啶（TMP）同用，可产生增效作用。3. 第1天药量加倍 |
| 磺胺间甲氧嘧啶（制菌磺、磺胺-6-甲氧嘧啶）sulfamonomethoxine | 用鲤科鱼类的竖鳞病、赤皮病、及弧菌病 | 拌饵投喂：50mg/kg体重～100mg/kg体重，连用4天～6天 | ≥37（鳗鲡） | 1. 与甲氧苄氨嘧啶（TMP）同用，可产生增效作用。2. 第1天药量加倍 |
| 氟苯尼考 florfenicol | 用于治疗鳗鲡爱德华氏病、赤鳍病 | 拌饵投喂：10.0mg/kg体重，连用4天～6天 | ≥7（鳗鲡） | |
| 聚维酮碘（聚乙烯吡咯烷酮碘、皮维碘、PVP-1、伏碘）（有效碘1.0%）povidone-iodine | 用于防治细菌烂鳃病、弧菌病、鳗鲡红头病。并可用于预防病毒病。如草鱼出血病、传染性胰腺坏死病、传染性造血组织坏死病、病毒性出血败血症 | 全池泼洒：海、淡水幼鱼、幼虾：0.2mg/L～0.5mg/L 海、淡水成鱼、成虾：1mg/L～2mg/L 鳗鲡：2mg/L～4mg/L 浸浴：草鱼种：30mg/L，15min～20min 鱼卵：30mg/L～50mg/L（海水鱼卵25mg/L～30mg/L），5min～15min | | 1. 勿与金属物品接触。2. 勿与季铵盐类消毒剂直接混合使用 |

注1：用法与用量栏未标明海水鱼类与虾类的均适用于淡水鱼类。
注2：休药期为强制性。

## 6. 禁用渔药

严禁使用高毒、高残留或具有三致毒性（致癌、致畸、致突变）的渔药。严禁使用对水域环境有严重破坏而又难以修复的渔药，严禁直接向养殖水域泼洒抗生素，严禁将新近开发的人用新药作为渔药的主要或次要成分。仅用渔药见表2。

表 2　禁用渔药

| 药物名称 | 化学名称（组成） | 别名 |
| --- | --- | --- |
| 地虫硫磷 fonofos | $O$-乙基-$S$-苯基二硫代磷酸乙酯 | 大风雷 |
| 六六六 BHC（HCH）Benzem，bexachloridge | 1，2，3，4，5，6-六氯环乙烷 | |
| 林丹 lindane，agammaxare，gamma-BHC，gamma-HCH | $\gamma$-1，2，3，4，5，6-六氯环乙烷 | 丙体六六六 |
| 毒杀芬 camphechlor（ISO） | 八氯莰烯 | 氯化莰烯 |
| 滴滴涕 DDT | 2，2-双（对氯苯基）-1，1，1-三氯乙烷 | |
| 甘汞 calomel | 二氯化汞 | |
| 硝酸亚汞 mercurousnitrate | 硝酸亚汞 | |
| 醋酸汞 mercuricacetate | 醋酸汞 | |
| 呋喃丹 carbofuran | 2，3-氢-2，二甲基-7-苯并呋喃-甲基氨基甲酸酯 | 可百威、大扶农 |
| 杀虫脒 chlordimeform | $N$-（2-甲基-4-氯苯基）$N'$，$N'$-二甲基甲脒盐酸盐 | 克死螨 |
| 双甲脒 anitraz | 1，5-双-（2，4-二甲基苯基）-3-甲基1，3，5-三氮戊二烯-1，4 | 二甲苯胺脒 |

（续）

| 药物名称 | 化学名称（组成） | 别名 |
|---|---|---|
| 氟氯氰菊酯 flucythrinate | （R，S）-α-氰基-3-苯氧苄基-（R，S）-2-（4-二氯甲氧基）-3-甲基丁酸脂 | 保好江乌氟氯菊酯 |
| 五氯芬钠 PCP-Na | 五氯酚钠 | |
| 孔雀石绿 malachitegreen | C（23）H（25）CIN（2） | 碱性绿、盐基块绿、孔雀绿 |
| 锥虫胂胺 tryparsamide | | |
| 酒石酸锑钾 anitmonylpotassiumtartrate | 酒石酸锑钾 | |
| 磺胺噻唑 sulfathiazolumST，norsultazo | 2-（对氨基苯碘酰胺）-噻唑 | 消治龙 |
| 磺胺脒 sulfaguanidine | N（1）-脒基磺胺 | 磺胺胍 |
| 呋喃西林 furacillinum，nitrofurazone | 5-硝基呋喃醛缩氨基脲 | 呋喃新 |
| 呋喃唑酮 furacillinum，nifulidone | 3-（5-硝基糠叉胺基）-2-（噁）唑烷酮 | 痢特灵 |
| 呋喃那斯 furanace，nitrofurazone | 6-羟甲基-2-［-5-硝基-2-呋喃基乙烯基］吡啶 | p - 7138（实验名） |
| 氯霉素（包括其盐、酯及制剂）chloramphennicol | 由委内瑞拉链霉素生产或合成法制成 | |
| 红霉素 erythromycin | 属微生物合成，是 streptomyceseyythreus 生产的抗生素 | |
| 杆菌肽锌 zincbacitracinpremin | 由枯草杆菌 Bacillusstubtills 或 B.lecheniformis 所产生的抗生素，为一含有噻唑环的多肽化合物 | 枯草菌肽 |
| 泰乐菌素 tylosin | S.fradiae 所产生的抗生素 | |

（续）

| 药物名称 | 化学名称（组成） | 别名 |
|---|---|---|
| 环丙沙星 ciprofloxacin（CIP-RO) | 为合成的第三代喹诺酮类抗菌药，常用盐酸盐水合物 | 环丙氟哌酸 |
| 阿伏帕星 avoparcin | | 阿伏霉素 |
| 喹乙醇 olaquindox | 喹乙醇 | 喹酰胺醇羟乙喹氧 |
| 速达肥 fenbendazole | 5-苯硫基-2-苯并咪唑 | 苯硫哒唑氨甲基甲酯 |
| 己烯雌酚（包括雌二醇等其他类似合成等雌性激素）天 iethylstilbestol, stilbestrol | 人工合成的非甾体雌激素 | 乙烯雌酚，人造求偶素 |
| 甲基睾丸酮（包括丙酸睾丸素、去氢甲睾酮以及同化物等雄性激素）methyltestosterone, metandren | 睾丸素 C（17）的甲基衍生物 | 甲睾酮甲基睾酮 |

# 附录三　无公害食品　海水养殖用水水质
# （NY 5052—2001）

## 1. 范围

本标准规定了海水养殖用水水质要求、测定方法、检验规则和结果判定。

本标准适用于海水养殖用水。

## 2. 规范性引用文件（略）

# 3. 要求

海水养殖水质应符合表 1 要求。

表 1　海水养殖水质要求

| 序号 | 项目 | 标准值 |
|---|---|---|
| 1 | 色、臭、味 | 海水养殖水体不得有异色、异臭、异味 |
| 2 | 大肠菌群，个/L | ≤5 000，供人生食的贝类养殖水质≤500 |
| 3 | 粪大肠菌群，个/L | ≤2 000，供人生食的贝类养殖水质≤140 |
| 4 | 汞，mg/L | ≤0.002 |
| 5 | 镉，mg/L | ≤0.005 |
| 6 | 铅，mg/L | ≤0.05 |
| 7 | 六价铬，mg/L | ≤0.01 |
| 8 | 总铬，mg/L | ≤0.1 |
| 9 | 砷，mg/L | ≤0.03 |
| 10 | 铜，mg/L | ≤0.01 |
| 11 | 锌，mg/L | ≤0.1 |
| 12 | 硒，mg/L | ≤0.02 |
| 13 | 氰化物，mg/L | ≤0.005 |
| 14 | 挥发性酚，mg/L | ≤0.005 |
| 15 | 石油类，mg/L | ≤0.05 |
| 16 | 六六六，mg/L | ≤0.001 |
| 17 | 滴滴涕，mg/L | ≤0.000 05 |
| 18 | 马拉硫磷，mg/L | ≤0.000 5 |
| 19 | 甲基对硫磷，mg/L | ≤0.000 5 |
| 20 | 乐果，mg/L | ≤0.1 |
| 21 | 多氯联苯，mg/L | ≤0.000 02 |

## 4. 测定方法（略）

## 5. 检验规则（略）

# 附录四　无公害食品　渔用配合饲料安全限量
# （NY 5072—2002）

## 1. 范围

本标准规定了渔用配合饲料安全限量的要求、试验方法、检验规则。

本标准适用于渔用配合饲料的成品，其他形式的渔用饲料可参照执行。

## 2. 规范性引用文件（略）

## 3. 要求

### 3.1　原料要求

**3.1.1**　加工渔用饲料所用原料应符合各类原料标准的规定，不得使用受潮、发霉、生虫、腐败变质及受到石油、农药、有害金属等污染的原料。

**3.1.2**　皮革粉应经过脱铬、脱毒处理。

**3.1.3**　大豆原料应经过破坏蛋白酶抑制因子的处理。

**3.1.4**　鱼粉的质量应符合 SC 3501 的规定。

**3.1.5**　鱼油的质量应符合 SC/T 3502 中二级精制鱼油的要求。

**3.1.6**　使用的药物添加剂种类及用量应符合 NY 5071、《饲料药物添加剂使用规范》、《禁止在饲料和动物饮用水中使用的药物品种目录》、《食品动物禁用的兽药及其他化合物清单》的规定；若有新的公告发布，按新规定执行。

## 3.2　安全指标

渔用配合饲料的安全指标限量应符合表 1 规定。

表 1　渔用配合饲料的安全指标限量

| 项　目 | 限量 | 适用范围 |
|---|---|---|
| 铅（以 Pb 计）/（mg/kg） | ≤5.0 | 各类渔用配合饲料 |
| 汞（以 Hg 计）/（mg/kg） | ≤0.5 | 各类渔用配合饲料 |
| 无机砷（以 As 计）/（mg/kg） | ≤3 | 各类渔用配合饲料 |
| 镉（以 Cd 计）/（mg/kg） | ≤3 | 海水鱼类、虾类配合饲料 |
|  | ≤0.5 | 其他渔用配合饲料 |
| 铬（以 Cr 计）/（mg/kg） | ≤10 | 各类渔用配合饲料 |
| 氟（以 F 计）/（mg/kg） | ≤350 | 各类渔用配合饲料 |
| 游离棉酚/（mg/kg） | ≤300 | 温水杂食性鱼类、虾类配合饲料 |
|  | ≤150 | 冷水性鱼类、海水鱼类配合饲料 |
| 氰化物/（mg/kg） | ≤50 | 各类渔用配合饲料 |
| 多氯联苯/（mg/kg） | ≤0.3 | 各类渔用配合饲料 |
| 异硫氰酸酯/（mg/kg） | ≤500 | 各类渔用配合饲料 |
| 噁唑烷硫酮/（mg/kg） | ≤500 | 各类渔用配合饲料 |
| 油脂酸价（KOH）/（mg/g） | ≤2 | 渔用育苗配合饲料 |
|  | ≤6 | 渔用育成配合饲料 |
|  | ≤3 | 鳗鲡育成配合饲料 |

（续）

| 项　目 | 限量适用 | 范　围 |
|---|---|---|
| 黄曲霉毒素 B1/（mg/kg） | ≤0.01 | 各类渔用配合饲料 |
| 六六六/（mg/kg） | ≤0.3 | 各类渔用配合饲料 |
| 滴滴涕/（mg/kg） | ≤0.2 | 各类渔用配合饲料 |
| 沙门氏菌/（cfu/25g） | 不得检出 | 各类渔用配合饲料 |
| 霉菌/（cfu/g） | ≤3×10⁴ | 各类渔用配合饲料 |

## 4. 检验方法（略）

## 5. 检验规则（略）

# 附录五　鲈配合饲料（GB/T 22919.3—2008）

## 1. 范围

本标准规定了鲈（*Lateolabrax japonicus*）配合饲料的产品分类、技术要求、试验方法、检验规则及标签、包装、运输和贮存。

本标准适用于鲈鱼配合饲料。

## 2. 规范性引用文件

下列文件中的条款通过本标准的引用而成为本标准的条款。凡是注日期的引用文件，其随后所有的修改单（不包括勘误的内容）或修订版均不适用于本标准，然而，鼓励根据本标准达成协议的各方研究是否可使用这些文件的最新版本。凡是不注日期的引用文件，其最新版本适用于本标准。

GB/T 5918　配合饲料混合均匀度的测定

GB/T 6432　饲料中粗蛋白测定方法

GB/T 6433　饲料中粗脂肪的测定

GB/T 6434　饲料中粗纤维的含量测定　过滤法

GB/T 6435　饲料中水分和其他挥发性物质含量的测定

GB/T 6436　饲料中钙的测定

GB/T 6437　饲料中总磷的测定　分光光度法

GB/T 6438　饲料中粗灰分的测定

GB 10648　饲料标签

GB 13078　饲料卫生标准

GB/T 14699.1　饲料　采样

GB/T 16765　颗粒饲料通用技术条件

GB/T 18246　饲料中氨基酸的测定

GB/T 18823　饲料检测结果判定的允许误差

NY 5072　无公害食品　渔用配合饲料安全限量

SC/T 1077　渔用配合饲料通用技术要求

JJF 1070—2005　定量包装商品净含量计量检验规则

国家质量监督检验检疫总局（2005）第 75 号令《定量包装商品计量监督管理办法》

## 3. 术语和定义

下列术语和定义适用于本标准。

### 3.1 水中稳定性 water stability

供水产动物食用的颗粒饲料在水中抗溶蚀的能力，以"溶失率"表示。

## 4. 产品分类

根据鲈鱼不同生长阶段的体重大小，将鲈鱼配合饲料产品分为稚鱼饲料、幼鱼饲料、中鱼饲料、成鱼饲料四种规格，产品规格须符合鲈鱼不同生长阶段的食性要求。

## 5. 技术要求

### 5.1 原料要求

原料应符合各类原料的标准要求。

### 5.2 感官指标

外观：色泽一致、无发霉、变质、结块等现象，无虫害。
气味：具有饲料正常气味，无霉变、酸败等异味。

### 5.3 加工质量指标

**5.3.1** 水分不超过 12.0%。

**5.3.2** 颗粒粉化率不超过 1.0%。

**5.3.3** 溶失率不超过 10.0%。

**5.3.4** 混合均匀度（Cv）不超过 7.0%。

### 5.4 营养指标

营养指标应符合表 1 规定。

表1　营养指标（%）

| 营养成分 | 稚鱼饲料 | 幼鱼饲料 | 中鱼饲料 | 成鱼饲料 |
|---|---|---|---|---|
| 粗蛋白质 | ≥40.0 | ≥38.0 | ≥37.0 | ≥36.0 |
| 粗脂肪 | | ≥6.0 | | |
| 粗纤维 | | ≤5.0 | | |
| 粗灰分 | | ≤15.0 | | |
| 钙 | | ≤3.50 | | |
| 总磷 | | 0.90～1.50 | | |
| 赖氨酸 | ≥2.20 | ≥2.10 | ≥2.00 | ≥1.80 |

### 5.5　卫生指标

卫生指标应符合 NY 5072 和 GB 13078 的规定。

### 5.6　净含量

定量包装产品的净含量应符合《定量包装商品计量监督管理办法》的规定。

## 6. 试验方法

### 6.1　感官指标

取样品 100g 置于白色瓷盘中，在光线充足，无异味干扰的条件下，进行感官检验。

### 6.2　粉化率

按 GB/T 16765 中 5.4.3 的规定执行（所用试验筛的筛孔尺寸为 0.425mm）。

### 6.3　水中稳定性（溶失率）

按 SC/T 1077 中附录 A.2 的规定执行。

### 6.4　混合均匀度

按 GB/T 5918 规定执行。

### 6.5　粗蛋白质

按 GB/T 6432 规定执行。

### 6.6　粗脂肪

按 GB/T 6433 规定执行。

### 6.7　粗纤维

按 GB/T 6434 规定执行。

### 6.8　水分

按 GB/T 6435 规定执行。

### 6.9　钙

按 GB/T 6436 规定执行。

### 6.10　总磷

按 GB/T 6437 规定执行。

### 6.11　粗灰分

按 GB/T 6438 规定执行。

### 6.12　赖氨酸

按 GB/T 18246 规定执行。

### 6.13　安全卫生指标

按 NY 5072 和 GB 13078 的规定执行。

### 6.14　净含量

按 JJF 1070—2005 的规定执行。

## 7.　检验规则

### 7.1　组批和抽样

### 7.1.1　组批

以同配方、同原料、同班次生产的产品为一批。

### 7.1.2　抽样方法

按 GB/T 14699.1 的规定执行。

## 7.2　检验分类

检验分为出厂检验和型式检验。

### 7.2.1　出厂检验

#### 7.2.1.1　检验项目

每批产品应进行出厂检验，检验项目为感官指标、水分、粗蛋白质、包装、标签。

### 7.2.2　型式检验

有下列情况之一，应进行型式检验

a）新产品投产时；

b）原料、配方、加工工艺等作了调整或变更影响产品性能时；

c）正常生产时，应周期性进行检验（每年至少两次）；

d 产品停产 3 个月以上，恢复生产时；

e）出厂检验结果与上次型式检验结果之间存在较大差异；

f）当国家质量监督部门提出进行型式检验要求时。

#### 7.2.2.1　检验项目

为本标准规定的全部项目。

## 7.3　判定规则

### 7.3.1　监测与仲裁判定各项指标合格与否，需考虑分析允许误差，分析允许误差按 GB/T 18823 规定执行。

**7.3.2** 所检项目检测结果均与标准指标规定一致判定为合格产品。

**7.3.3** 检验中如有霉变、酸败、生虫等现象，则判定该批产品不合格。微生物指标超标不得复检。其他指标不符合标准规定时，应加倍抽样，对不合格指标进行复检，复检结果有一项指标不合格，则判定该批产品为不合格。

## 8. 标签、包装、运输、贮存

### 8.1 标签
按 GB 10468 规定执行。

### 8.2 包装
采用无毒、无害、确保产品质量要求的包装袋，包装缝口应牢固，不得有破损泄漏，包装材料具有防潮、防漏、抗拉等性能。包装袋清洁、卫生、无污染，印刷字体清晰。

### 8.3 运输与贮存

**8.3.1** 产品应贮存在阴凉、通风、干燥处，不得与有害有毒物品一起堆放，开封后应尽快使用，以免变质或使用影响效果。

**8.3.2** 运输、贮存需符合保质、保量、运输安全和分类贮存要求，严防受潮和污染，防止虫害、鼠害。

**8.3.3** 运输过程中应小心轻放、防止包装破损，不得日晒、雨淋，禁止与有毒有害物品混储共运。

### 8.4 保质期限
在符合本标准规定的贮运条件下，产品的保质期限为75 天。

# 附录六　鲜活淡水鱼虾速冻加工技术规范
## （DB 440400/T 53—2013）

## 1. 范围

本标准规定了鲜活淡水鱼虾速冻加工企业的基本条件、原辅料要求、加工技术要求、称重、包装、金属探测、冷藏贮存、产品质量及生产记录。

本标准适用于鲜活淡水鱼虾的速冻初加工。

## 2. 规范性引用文件

下列文件对于本文件的应用是必不可少的。凡是注日期的引用文件，仅所注日期的版本适用于本文件。凡是不注日期的引用文件，其最新版本（包括所有的修改单）适用于本文件。

GB 191　包装储运图示标志

GB 2733　鲜、冻动物性水产品卫生标准

GB 2760　食品安全国家标准　食品添加剂使用标准

GB 5749　生活饮用水卫生标准

GB 7718　食品安全国家标准　预包装食品标签通则

GB/T 18109　冻鱼

GB/T 20941—2007　水产食品加工企业良好操作规范

GB/Z 21702　出口水产品质量安全控制规范

JJF 1070　定量包装商品净含量计量检验规则

NY 5053　无公害食品　普通淡水鱼

NY 5158　无公害食品　淡水虾

SC/T 3113　冻虾

广东省水产品标识管理实施细则（粤海渔函〔2011〕734号）

## 3. 加工企业基本条件

人员、环境、车间及设施设备、生产过程卫生质量管理与产品质量安全控制应符合 GB/T 20941 的规定，生产出口产品的质量安全控制应符合 GB/Z 21702 的规定。

## 4. 原辅料要求

### 4.1　原料

**4.1.1**　原料鱼应为鲜活鱼，质量应符合 NY 5053 的规定。

**4.1.2**　原料虾应为鲜活虾，质量应符合 NY 5158 的规定。

**4.1.3**　每一批次的原料应进行检验，经检验合格的方可接收。

### 4.2　辅料

**4.2.1**　暂养、加工生产和制冰用水的水质应符合 GB 5749 的规定。

**4.2.2**　加工过程中所使用的食品添加剂的品种和用量应符合 GB 2760 的规定。

**4.2.3**　除食品添加剂以外的其他的辅料应为食品级，并符合相应标准的规定。

## 5. 加工技术要求

### 5.1 暂养

**5.1.1** 暂养前应先对暂养池进行清洁消毒，然后放进所需的水量。

**5.1.2** 不同产区（或养殖场）的活体鱼虾应分池暂养；在标志牌上注明该批原料的产地（或养殖场）、规格、数量、投入时间。

**5.1.3** 暂养的鱼虾量按鱼虾水重量比例1∶3以上投放，投鱼、虾后应及时调节水位。

**5.1.4** 活体鱼虾应在暂养池中暂养1h以上，在暂养过程应不断充氧和用循环水泵喷淋曝气，并及时清除喷淋曝气时产生的泡沫。

### 5.2 分选、分级

拣出不宜加工的鱼虾和杂质，将原料鱼虾按重量进行规格分级。

### 5.3 鲜活鱼的处理

#### 5.3.1 放血

在操作台上切断鱼的动脉血管，过程不破坏鱼身整体，然后将鱼投入有流动水的放血槽中，让鱼自由游动使鱼血尽量流净，水温宜控制在20℃～25℃。放血时间宜控制在15 min～20 min。

#### 5.3.2 去鳞

刮鱼鳞过程不损伤鱼表体、鱼肉及鱼鳍，鱼鳞应去除干净。

### 5.3.3 去鳃

去鳞后揭开鳃盖，在不破坏鳃盖完整的情况下，去除全部鳃片。

### 5.3.4 去内脏

去鳃后的鱼从近肛门到鱼鳃处剖开鱼腹，要求刀口整齐。打开鱼腹将内脏取出，过程不破坏鱼腹体，并将腹膜内的脂肪及黑膜刮除干净。

注：可根据客户要求选择此四项操作过程。

### 5.4 清洗

#### 5.4.1 鱼的清洗

在流动水槽中将鱼体冲洗干净，同时检查、清理残留的鱼鳞、鱼鳃、内脏和血液，清洗过程中不破坏鱼体。

#### 5.4.2 虾的清洗

将虾装入疏水的塑料筐中用水喷淋清洗，或者浸泡在流动水槽中摇晃、搅动清洗，清洗过程中不破坏虾体。

#### 5.4.3 检查

鱼虾清洗后沥干，检查是否干净、完整，对不适宜进行下一工序的鱼虾拣出返工或另行处理。

### 5.5 鱼的消毒

将处理后的鱼放入流动的臭氧水（臭氧浓度≥0.5mg/L）水槽中浸泡处理 5 min～10 min，臭氧水应现制现用。

### 5.6 预冷

清洗干净的鱼虾应浸泡在 10℃以下冰水中预冷。水温10℃以下浸泡时间可控制在 30min 至 2h，水温 4℃以下浸泡时间可控制在 30min 至 4h。

## 5.7　装盘

　　若鱼虾须装盘，应先将盘清洗干净，装盘时鱼虾不应露出盘外或高于盘面。

## 5.8　速冻

**5.8.1**　冻结前应先将冻结室的温度降至−35℃以下，冻结过程中保持温度低于−35℃，要求产品的中心温度在 30min 内从−1℃降到−5℃以下，最后冻结完成的产品中心温度应低于−18℃。

**5.8.2**　冻结时，单体鱼虾或装盘鱼虾应均匀摆放，不宜过密或重叠。

## 5.9　脱盘

　　装盘冻结的产品速冻后，应先将盘底面与4℃以下冰水接触30s内，再反转轻叩脱盘，操作过程中应注意保持鱼虾的完整。

## 5.10　镀冰衣

**5.10.1**　冻结后产品应立即在冰水中镀冰衣，使其表面完全覆盖均匀透明的冰衣。

**5.10.2**　镀冰衣所使用的水温度应在4℃以下，产品浸入时间宜控制在30s以内。

**5.10.3**　镀冰衣后的鱼虾一旦粘连应及时分开，同时注意保持鱼虾的完整。

**5.10.4**　鱼虾覆盖冰衣的重量宜控制在鱼虾本身重量的15％以内。

## 6. 称重

净含量偏差应符合 JJF 1070 的规定。

## 7. 包装

**7.1** 称重后的产品应快速封口包装或抽真空包装。

**7.2** 包装车间的温度宜控制在 18℃ 以下。

**7.3** 包装过程应保证产品不受二次污染。

**7.4** 包装材料应符合食品包装材料卫生标准规定，并有足够的强度，确保在运输和搬运过程中不破损。

**7.5** 成品应按规格、品种进行包装，包装内应有合格证，不同规格等级的产品不应混装在同一箱中，箱中产品应排列整齐。

**7.6** 产品包装标识应符合《广东省水产品标识管理实施细则》的规定，销售包装上的标签应符合 GB 7718 的规定。储运图示标志应符合 GB 191 的规定。出口产品的外包装标识应符合进口国和地区的相关要求。

## 8. 金属探测

装箱前的冻品，应进行金属成分探测，若探测到金属，应挑出另行处理。

## 9. 冷藏贮存

**9.1** 包装后的产品应贮存在 −18℃ 以下的冷库中，不得与有毒、有害、有异味的物品混合存放，库房温度波动控制在

3℃以内。

**9.2**　堆叠作业时，垛底应垫托板，托板高度应不低于10cm，产品堆放与库内壁、库顶之间距离应不少于30cm，且堆放高度以纸箱受压不变形为宜。垛与垛之间应有1m以上的通道。

## 10. 产品质量

每批次出厂产品应进行出厂检验，鱼虾卫生指标应符合GB 2733，其他指标鱼应符合GB/T 18109，虾应符合SC/T3113。

## 11. 生产记录

按 GB/T 20941—2007 第 12 章的规定执行。

# 附录七　海水相对密度与盐度换算关系

## 1. 海水相对密度与盐度换算表（水温 17.5℃）

| 相对密度 | 盐度（‰） | 相对密度 | 盐度（‰） | 相对密度 | 盐度（‰） |
|---|---|---|---|---|---|
| 1.001 5 | 2.00 | 1.006 0 | 7.79 | 1.013 0 | 17.00 |
| 1.001 6 | 2.03 | 1.007 0 | 9.11 | 1.014 1 | 18.44 |
| 1.002 0 | 2.56 | 1.008 1 | 10.42 | 1.015 2 | 19.89 |
| 1.003 0 | 3.87 | 1.009 0 | 11.73 | 1.016 0 | 20.97 |
| 1.004 0 | 5.17 | 1.010 0 | 12.85 | 1.017 1 | 22.41 |
| 1.005 0 | 6.49 | 1.011 5 | 15.01 | 1.018 2 | 23.86 |

（续）

| 相对密度 | 盐度（‰） | 相对密度 | 盐度（‰） | 相对密度 | 盐度（‰） |
|---|---|---|---|---|---|
| 1.018 5 | 24.22 | 1.023 5 | 30.72 | 1.027 1 | 35.35 |
| 1.019 5 | 25.48 | 1.023 9 | 31.26 | 1.028 0 | 36.65 |
| 1.020 0 | 26.20 | 1.024 4 | 31.98 | 1.028 5 | 37.30 |
| 1.021 1 | 27.65 | 1.025 0 | 32.74 | 1.029 0 | 37.95 |
| 1.021 5 | 28.19 | 1.025 4 | 33.26 | 1.029 5 | 38.60 |
| 1.022 2 | 29.09 | 1.026 0 | 34.04 | 1.030 5 | 39.90 |
| 1.022 9 | 29.97 | 1.026 5 | 34.70 | 1.031 5 | 41.20 |

## 2. 在不同温度下，海水比重与盐度的计算公式

水温高于 17.5℃时：S（‰）＝1305（相对密度－1）＋（t－17.5）×0.3

水温低于 17.5℃时：S（‰）＝1305（相对密度－1）－（17.5－t）×0.2

# 附录八　常用单位换算

| 面积换算 | 1公顷＝10 000 米$^2$＝15 亩 |
|---|---|
| | 1 亩＝666.67 米$^2$ |
| 体积换算 | 1 米$^3$＝1 000 升 |
| | 1 升＝1 000 毫升 |
| 质量换算 | 1 吨＝1 000 千克 |
| | 1 千克＝1 公斤＝1 000 克 |
| | 1 克＝1 000 毫克 |
| | 1 毫克＝1 000 微克 |
| 浓度换算 | 1ppm＝1 克/吨（1 毫升/米$^3$） |

# 参 考 文 献

毕庶万，于光溥，时光营，等.1995.黄渤海的鲈鱼资源及增养殖概况
　　［J］.水产科技情报，22（4）：181-183.

毕庶万.1983.黄渤海鲈鱼渔业生物学初步调查［J］.动物学杂志（3）：
　　39-41.

蔡景龙.2005.微量元素与伤口愈合［C］.泰安：山东省泰山微量元素
　　科学研究会第二届学术研讨会论文集：103-104.

蔡良候，叶金聪，林向阳，等.1997.鲈鱼土池人工育苗研究［J］.海洋
　　科学（6）：57-60.

程镇燕.2010.大黄鱼和鲈鱼对几种水溶性维生素营养需求及糖类营养生
　　理的研究［D］.青岛：中国海洋大学水产学院.

冯昭信，战凤茶，黄成庆.1985.渤海与黄海北部鲈鱼的生长［J］.水产
　　科学，4（3）：10-15.

高淳仁，刘庆慧，梁亚全，等.1998.鲈鱼幼鱼人工配合饲料中蛋白质、
　　脂肪适宜含量的研究［J］.海洋水产研究，19（1）：81-85.

高敏英.1992.淡水养殖鲈鱼实验技术总结［J］.福建水产，92（2）：
　　29-34.

韩庆炜，梁萌青，姚宏波，等.2011.鲈鱼对7种饲料原料的表观消化率
　　及其对肝脏，肠道组织结构的影响［J］.渔业科学进展，32（1）：
　　32-39.

何志刚.2008.大黄鱼（*Pseudosciaena crocea* R.）和鲈鱼（*Lateolabrax
　　japonicus*）苏氨酸和苯丙氨酸营养生理研究［D］.青岛：中国海洋大

学水产学院.

洪惠馨，林利民，陈学豪，等.1999. 鲈鱼人工配合饵料中脂肪的适宜含量研究 [J]. 集美大学学报·自然科学版，2：41-44.

胡家财，陈学豪，洪惠馨.1995. 鲈鱼人工配合饲料中豆饼替代部分鱼粉的适宜含量 [J]. 台湾海峡，4：418-421.

胡自民，高天翔，韩志强，等.2007. 花鲈和鲈鱼群体的遗传进化研究 [J]. 中国海洋大学学报，37 (5)：413-418.

江鑫.2009. 花鲈与日本鲈群体遗传结构与多样性研究 [D]. 青岛：中国海洋大学.

李会涛.2004. 饲料中有毒有害物质对鲈鱼 (*Lateolabrax Japonicus*) 和大黄鱼 (*Poseudosciaena Crocea*) 生长的影响及其在鱼体组织残留的研究 [D]. 青岛：中国海洋大学水产学院.

李军.1994. 渤海鲈鱼食物组成与摄食习性的研究 [J]. 海洋科学 (3)：39-44.

李明云，赵明忠，钟爱华，等.2003b. 山东日照和福建厦门沿海花鲈 (*Lateolabrax japonicus*) 遗传多样性的 RAPD 研究 [J]. 海洋与湖沼，34 (6)：618-623.

李明云，赵明忠，钟爱华，等.2003a. 山东日照和福建厦门沿海花鲈的遗传变异分析 [J]. 浙江海洋学院学报，22 (2)：121-124.

李燕，艾庆辉，麦康森，等.2011. 鲈鱼对组氨酸需求量的研究 [J]. 中国海洋大学学报·自然科学版，41 (3)：31-36.

李勇.2007. 肽营养学 [M]. 北京：北京大学医学出版社.

廖国璋.1998. 花鲈的生态特性及池塘养殖问题 [J]. 水产科技情报，25 (3)：130-132.

林利民，胡家财，洪惠馨.1994. 鲈鱼 (*Lateolabrax japonicus*) 人工配合饲料中蛋白质最适含量的研究 [J]. 厦门水产学院学报，1：6-10.

刘明月，蒋琦辰，杨家新.2010. 不同海域中国花鲈的细胞色素 b 序列的遗传分析 [J]. 南京师大学报·自然科学版，33 (1)：102-106.

楼东，高天翔，张秀梅，等．2003．中日花鲈生化遗传变异的初步研究［J］．青岛海洋大学学报，33（1）：22 - 28．

陆国君，罗红宇，钟明杰．2005．鲈鱼 *Lateolabrax japonicus*（Cuvier）幼鱼对饵料中蛋白质，脂肪，碳水化合物需求量的研究［J］．现代渔业信息，11：21 - 22．

罗琳，薛敏，吴秀峰，等．2005．脱酚棉籽蛋白在饲料中替代鱼粉对日本鲈（*Lateolabrax japonicus*）生长、体成分及营养成分表观消化率的影响［J］．水产学报，29（6）：866 - 870．

沈美芳，耿隆坤，姜菊逸，等．1997．使用颗粒饵料养殖鲈鱼实验［J］．水产养殖，5：19 - 20．

苏育嵩，李凤岐，王凤钦．1996．渤、黄、东海水型分布与水系划分［J］．海洋学报，18（6）：1 - 7．

苏跃朋，朱建洪，梁健文．2013．广东珠海市斗门区白蕉海鲈养殖技术介绍［J］．海洋与渔业，5：74 - 76．

孙帼英，朱云云，陈建国，等．1994b．长江口花鲈的生长和食性［J］．水产学报，18（3）：183 - 189．

孙帼英，朱云云，周忠良，等．1994a．长江口及浙江沿海花鲈的繁殖生物学［J］．水产学报，18（1）：18 - 23．

汤弘吉．1980．七星鲈之成熟度调查与种鱼培育［J］．台湾：中国水产，32（4）：58．

王珺．2010．乙氧基喹啉、氧化鱼油和烟酸铬对大黄鱼与鲈鱼生长性能的影响及其（或代谢物）在鱼体组织中残留的研究［D］．青岛：中国海洋大学水产学院．

王渊源，张桂玲，苏永裕．2001．非等氮饲料投喂鲈鱼幼鱼的试验［J］．浙江海洋学院学报，20：118 - 122．

王远红，吕志华，高天翔，等．2003a．中国花鲈与日本花鲈营养成分的研究［J］．海洋水产研究，24（2）：35 - 39．

王远红，吕志华，高天翔，等．2003b．不同海域中国花鲈营养成分的比较研究［J］.青岛海洋大学学报，33（4）：531-536.

吴光宗，杨东莱，庞鸿艳.1983.渤海湾鲈鱼鱼卵和仔、稚鱼分布的研究［J］.海洋科学，（6）：40-45.

吴光宗，杨东莱，庞鸿艳.1983.鲈鱼早期发育阶段的形态特征［J］.海洋科学，43-46.

伍汉霖，陈永豪，牟阳，等.2002.中国有毒及药用鱼类新志［M］.北京：中国农业出版社.

席峰，林利民，王志勇.2003.大黄鱼发育进程中消化酶的活力变化［J］.中国水产科学，10：301-304.

夏华永，李树华，侍茂崇.2001.北部湾三维风生流及密度流模拟［J］.海洋学报，23（6）：11-23.

肖学铮，刘少明.1989.珠江口崖门鲈鱼年龄和生长的研究［J］.生态学报，9（3）：230-234.

肖雨，刘红.1997.花鲈鱼种日摄食节律的初步研究［J］.水产科技情报，24（3）：99-103.

徐成，王可玲，尤锋，等.2001a.鲈鱼群体生化遗传学研究Ⅰ——同工酶的生化遗传分析［J］.海洋与湖沼，32（1）：42-49.

徐成，王可玲，张培军.2001b.鲈鱼群体生化遗传学研究Ⅱ——种群生化遗传结构及变异［J］.海洋与湖沼，32（3）：248-254.

徐后国.2013.几种新型免疫增强剂对大黄鱼幼鱼生长、存活、免疫力及抗病力的影响［D］.青岛：中国海洋大学水产学院.

鄢庆枇，苏永全，王军，等.2001.口服免疫添加剂对养殖大黄鱼免疫机能影响的初步研究［J］.集美大学学报，6：134-137.

叶振江，孟晓梦，高天翔，等.2007.两种花鲈（*Lateolabrax* sp.）耳石形态的地理变异［J］.海洋与湖沼，38（4）：356～360.

于海瑞，麦康森，段清源，等.2003.人工育苗条件下大黄鱼仔、稚鱼的摄食与生长［J］.中国水产科学，10：495-501.

袁靖寰.1985.鲈鱼养殖［J］.养鱼世界（11）：24-26.

战风茶.1987.渤海与黄海北部鲈鱼食性的观察［J］.水产科技情报，87
　　（4）：16－18.

张邦杰，胡浩芳，陈柏洪，等.1995.花鲈在纯淡水池塘的大面积集约化
　　高产养殖报告［J］.水产科技（1）：22－24.

张春晓.2006.大黄鱼，鲈鱼主要 B 族维生素和矿物质－磷的营养生理研
　　究［D］.青岛：中国海洋大学水产学院.

张佳明.2007.鲈鱼和大黄鱼微量元素－锌，铁的营养生理研究［D］.
　　青岛：中国海洋大学水产学院.

张琳琳，曾慧，张佳明，等.2008.中草药对鲈鱼诱食活性的研究［J］.
　　海洋水产研究，4：101－105.

张璐，艾庆辉，麦康森，等.2008.肽聚糖对鲈鱼生长和非特异性免疫力
　　的影响［J］.中国海洋大学学报·自然科学版，38（4）：551－556.

张璐，艾庆辉，麦康森，等.2009.植酸酶和非淀粉多糖酶对鲈鱼生长和
　　消化酶活性的影响［J］.水生生物学学报，33（1）：82－88.

张璐.2006.鲈鱼和大黄鱼几种维生素的营养生理研究和蛋白源开发
　　［D］.青岛：中国海洋大学水产学院.

张雅芝，郑金宝，谢仰杰，等.1999.花鲈仔、稚、幼鱼摄食习性与生长
　　的研究［J］.海洋学报，21（5）：110－119.

张召锋，韩晓龙，杨睿悦，等.2010.海洋胶原肽促进大鼠术后伤口愈合
　　的实验研究［C］.北京：北京市营养学会第四届会员代表大会暨膳食
　　与健康研讨会论文集：54－61.

张滋泱，赵玉国.1984.鲈鱼的年龄与生长［J］.海洋渔业，6（5）：
　　200－204.

郑永标，江枝和，杨佩玉.2002.868 菌发酵物用作大黄鱼和鲈鱼饵料添
　　加剂的初步试验［J］.浙江海洋学院学报，20：60－61.

郑镇安.1993.鲈鱼人工繁殖及育苗研究.两岸水产养殖学术研讨会论文
　　集［C］：177－182.

仲维仁，张淑华.2001.鲈鱼不同生长阶段对维生素需求的研究［J］.浙

江海洋学院学报，20：98-102.

周立红，洪惠馨，林利民，等.1998.鲈鱼配合饵料的研究 [J]. 饲料研究，8：6-7.

朱秋华，钱国英，许梓荣.2004.投饲频率对鲈鱼生长和体成分的影响 [J]. 浙江农业学报，16（6）：384-388.

祖丽亚，罗俊雄，樊铁.2003.海水鱼与淡水鱼脂肪中 EPA、DHA 含量的比较 [J]. 中国油脂，28（11）：48-50.

DB44/T 771—2010.

GB 2762—2012.

Ai Qinghui, Mai Kangsen, Li Huitao, et al. 2005. Effects of dietary protein to energy ratios on growth and body composition of juvenile Japanese seabass, *Lateolabrax japonicas* [J]. Aquaculture, 230 (1-4): 507-516.

Ai Qinghui, Mai Kangsen, Zhang Chunxiao, et al. 2004. Effects of dietary vitamin C on growth and immune response of Japanese seabass, *Lateolabrax japonicas* [J]. Aquaculture, 242 (1-4): 489-500.

Ai Qinghui, Mai Kangsen, Zhang Chunxiao, et al. 2004. Effects of dietary vitamin C on growth and immune response of Japanese seabass, *Lateolabrax japonicus* [J]. Aquaculture, 242 (1-4): 489-500.

Bleeker P. 1985. Nieuwe nalezingen op de ichthyologie van Japan [J]. Verh Batav Genootsch Kunst Wet, 5 (26): 1-132.

Bozzetti F, Braga M, Gianotti L. 2001. Postoperative enteral versus parenteral nutrition in malnourished patients with gastrointestinal cancer [J]. A randomized multicentre trial Lancet, 358 (9292): 1487-1492.

Cheng Zhenyan, Ai Qinghui, Mai Kangsen, et al. 2010. Effects of dietary canola meal on growth performance, digestion and metabolism of Japanese seabass, *Lateolabrax japonicas* [J]. Aquaculture, 305 (1-4): 102-108.

Katayama M. 1957. Four new species of Serranid fishes from Japan [J] . Japanese Journal of Ichthyology, 6: 153-159.

Liu Jinxian, Gao Tianxiang, Yokogawa K. 2006. Differential population structuring and demographic history of two closely related fish species, Japanese sea bass (*Lateolabrax japonicus*) and spotted sea bass (*Lateolabrax muculatus*) in Northwestern Pacific [J] . Mol Phylogenet and Evol, (39): 799-811.

Mai Kangsen, Zhang Lu, Ai Qinghui, et al. 2006. Dietary lysine requirement of juvenile Japanese seabass, *Lateolabrax japonicus* [J] . Aquaculture, 258 (1-4): 535-542.

Tanaka M. , Kinoshita I. 2002. Temperate Bass and Biodiversity-New Perspective for Fisheries Biology [M] . Tokyo: Kouseisha-Kouseikaku.

Waitzberg DL, Caiaffa Z, Correia MI. 2001. Hospital malnutrition: the Brazilian national survey (IBRANUTRI): a study of 4000 patients [J] . Nutrition, 17: 573-580.

Wang Jia, Yun Biao, Xue Min, et al. 2012. Apparent digestibility coefficients of several protein sources, and replacement of fishmeal by porcine meal in diets of Japanese seabass, *Lateolabrax japonicus*, are affected by dietary protein levels [J] . Aquaculture research, 43 (1): 117-127.

Xu Houguo, Ai Qinghui, Mai Kangsen, et al. 2010. Effects of dietary arachidonic acid on growth performance, survival, immune response and tissue fatty acid composition of juvenile Japanese seabass, *Lateolabrax japonicus* [J] . Aquaculture, 307 (1-2): 75-82.

Xue Min, Luo Lin, Wu Xiufeng, et al. 2006. Effects of six alternative lipid sources on growth and tissue fatty acid composition in Japanese sea bass (*Lateolabrax japonicus*) [J] . Aquaculture, 260 (1-4): 206-214.

海鲈养殖新技术

Yokogawa K, Seki S. 1995. Morphological and genetic differences between Japanese and Chinese sea bass of the genus *Lateolabrax* [J] . Japanese Journal of Ichthyology, 41 (4): 437-445.

Zague V. 2008. A new view concerning the effects of collagen hydrolysate intake on skin properties [J] . Archives of Dermatological Research, 300 (9): 479-83.

Zhang Chunxiao, Mai Kangsen, Ai Qinghui. et al. 2006. Dietary phosphorus requirement of juvenile Japanese seabass, *Lateolabrax japonicas* [J] . Aquaculture, 255 (1-4): 201-209.